QUANTENTEILCHEN
DER
SCHWERKRAFT

Noah MacKay

Quantenteilchen der Schwerkraft

von Noah MacKay

Aus dem englischen Buch

(Quantum Particles of Gravity)

übersetzt von Noah MacKay

2021

INHALTSVERZEICHNIS

DIE KLASSISCHE THEORIE DER SCHWERKRAFT

DIE BASIS DER QUANTENMECHANIK

DIE QUANTENTHEORIE DER SCHWERKRAFT

QUANTENTEILCHEN DER SCHWERKRAFT

5

6

VORBEMERKUNG

Es war Richard Feynman, der einst sagte: "Wenn man ein Konzept der Physik in den Begriffen des Laien nicht beschreiben kann, kennt man dasselbe Konzept allerdings nicht." Während ich diese Vorbemerkung schreibe und darüber nachdenke, wie ich mit diesem Buch vorgehen kann, habe ich sicherlich anerkannt, dass Feynman Recht hat. Das Thema „Quantengravitation" ist ein Reich des Geheimnisses und der Ungewissheit. Es ist im Ernst schwierig, ein Buch über solche zaghaften Themen zu schreiben, nur um schließlich zu erkennen, dass ihre Standpunkte von der Wissenschaft widerlegt worden sein könnten.

Im Laufe des letzten halben Jahrhunderts war das Ziel der Stringtheorie und der Schleifenquantengravitation eigentlich, die Quantenmechanik mit Albert Einsteins allgemeiner Relativitätstheorie zu verbinden. Je genau sie auf sich allein gestellt sind, desto größer wird die Kluft zwischen diesen beiden Theorien. Die Frage, die ich mich frage, ist, ob eine konzeptuelle Brücke gebaut werden kann, um die Kluft zu überqueren.

Ich erinnere mich an das Frühjahr 2017; Ich war ein 1. Jahr Physik- und Germanistikstudent an der East Carolina Universität. Eines Nachts saß ich auf einer Bank vor meinem Schlafsaal und starrte auf den Vollmond. Frühlingsnächte im östlichen North Carolina, insbesondere im nahenden Sommer, sind normalerweise luftfeucht. Aber diese besondere Nacht war wunderschön. Ich starrte auf den Mond und die umliegenden Sterne, und mein Geist verging sich in tiefstem Denken. Im Herbst 2016 hörte ich von den bahnbrechenden Nachrichten über die Detektion der Gravitationswellen aus den LIGO-Observatorien. Und im späten Frühjahr 2017 hatte ich gerade von einem grundlegenden Konzept der Quantenphysik namens "Welle-Teilchen-Dualität" gelernt: Teilchen teilen sich Wellenmechanik, und Wellen erhalten Teilchenattribute. Als ich tief nachgedacht hatte, fragte ich mich, *„was wäre, wenn SCHWERKRAFT eine WELLE-TEILCHEN-DUALITÄT hätte? "*

Dieses hypothetische *Quantenteilchen der Schwerkraft* muss der Schlussstein sein, der Stringtheorie und Schleifenquantengravitation verbindet, dachte ich (und denke jetzt noch). Und vielleicht kann die zukünftige Forschung ihre Entdeckung überprüfen und entwirren, wie sie sich im Universum und in unserem Leben verhalten.

Dieses Buch soll die Natur und die Eigenschaften des *GRAVITONS* diskutieren: das Quantenteilchen der Schwerkraft. Und damit auch werde ich seine Rolle in Stringtheorie und in der Schleifenquantengravitation diskutieren. Da ich für den öffentlichen Leser schreibe, werde ich sehr wenig Mathematik anbieten, als ich möchte. Seien Sie jedoch bereit, Gleichungen zu sehen, die einschüchternd aussehen können. Wissen Sie nur, was die Mathematik in Nummern und Griechisch sagt, übersetze ich sie ins Deutsche.

Als Autor, der an die breite Öffentlichkeit schreibt, erwarte ich nicht, dass Sie Gravitonen, Stringtheorie oder Schleifenquantengravitation vorher kennen. Was ich erwarte jedoch, dass Sie wissen, ist, was Schwerkraft und Quantenmechanik im allgemeinen Sinne sind. Wenn diese Voraussetzungen nicht erfüllt sind, schlage ich vor, dass Sie vor diesem Buch die folgenden (englischen) Bücher lesen (ich weiß es leider nicht, ob sie ins Deutsche übersetzt worden sind):

The Little Book of Black Holes von Steven Gubser

A Brief History of Time von Stephen Hawking

Quantum Mechanics: The Theoretical Minimum von Leonard Susskind

Special Relativity and Classical Field Theory von Leonard Susskind

The Theoretical Minimum von Leonard Susskind

The Road to Reality von Roger Penrose

Darüber hinaus empfehle ich diese Bücher für das Thema Quantengravitation von anderen Autoren:

The Little Book of String Theory von Steven Gubser

Reality Is Not What It Seems (deutschsprachliche Version: *Die Wirklichkeit, die nicht so ist, wie sie scheint*) von Carlo Rovelli

Was Sie in diesem Buch erwarten würden, ist eine Einführung in die Schwerkraft als klassische Theorie, beginnend mit Newtons Theorie und ihren bahnbrechenden Durchbrüchen. Ich werde dann Einsteins Theorie der Schwerkraft besprechen; wie die allgemeine Relativitätstheorie die Probleme mit Newtons Theorie korrigierte und wie sie zu den bahnbrechenden Erkenntnissen von Schwarzschild und Hawking führte.

Anschließend werde ich die Grundlagen der Quantenmechanik für alle Teilchen besprechen: den Begriff der Energiequanten, die Welle-Teilchen-Dualität und die

Rollen des "Hamiltonians" und "gesamten Drehimpulses". Hier werde ich die Schwerkraft als Quantentheorie vorstellen, und die Motivationen und Ziele der Stringtheorie und der Schleifenquantengravitation diskutieren (und wie das Graviton in diesen Theorien behandelt wird). Ich werde die Erfolge und Erweiterungen jeder Theorie erwähnen, sowie ihre Grenzen und wo ihre Verdienste enden.

Dann werde ich schließlich das Graviton vorstellen: den Titelcharakter dieses Buches. Zusammen mit den beiden Haupttheorien der Quantengravitation werde ich eine detaillierte Geschichte und Beschreibung des Gravitons, seiner Natur und seiner Eigenschaften anbieten. Ich werde alle möglichen Theorien des Gravitons selbst diskutieren, die zur heutigen zaghaften Forschung mit Gravitonen führen. Um das Buch zu beenden, werde ich einen Laienkurs in der Welle-Teilchen-Dualität der Gravitation anbieten, wie das Graviton in Gravitationswellen nachweisbar sein könnte.

EINLEITUNG:

DIE NATUR ZU VERSTEHEN

Physik ist eine der Grundlagenwissenschaften unseres Universums. Das Universum, das wir kennen, wird von den Gesetzen der Wissenschaft diktiert, explizit Biologie, Chemie und Physik. Die Biologie beantwortet die Frage: *Was ist das?* Die Chemie beantwortet die Frage: *Woraus besteht das?* Und schließlich beantwortet die Physik die Frage: *Was macht das?*

Dieses Buch behandelt die Geschichte, Evolution und die Zukunft der Gravitationstheorie und unser Verständnis davon. Eine dominante Kraft im Kosmos, von den Planeten zu den Sternen, zu Galaxien und Nebeln; Gravitation orchestriert das Verhalten des Universums genauso rein wie Beethoven, Mozart, sogar Schubert orchestriert die Symphonie. Ein einfacher Blick in den nächtlichen Himmel, um den Glanz der Sterne und des blassen Vollmondes zu sehen, muss man sich fragen, wie alles so schön und göttlich funktioniert – wie ich mich einmal gewundert habe.

In der Geschichte war es das Ziel der Menschheit, die ultimativen Fragen der Existenz zu beantworten:

Warum sind wir hier? Woher kommen wir? Es liegt in der menschlichen Natur, eine sinnvolle Theorie oder eine Weltanschauung der Natur, um uns zu entwickeln; ein Gefühl der Einheitlichkeit in einer Welt voller Chaos und Unordnung zu finden.

Die alten Gesellschaften Europas und Indiens wandten sich einer religiösen Weltanschauung zu. Die Alten glaubten, dass die Phänomene der Natur göttliche Interventionen waren, die von einem allmächtigen Gott des jüdisch-christlichen Monotheismus oder von einem der vielen Götter des indoeuropäischen Polytheismus manifestiert wurden.

Man denke an die archaischen Kunstepochen des antiken Griechenlands. Die Büste eines Kykladenidols erfasste die Grundform des menschlichen Gesichts, jedoch ohne die Nasenrücken oder die Tiefe der Augenlider.

Die Kykladen-Büste

Sobald der Rest des menschlichen Körpers besser verstanden wurde, zeigten die Kourosh/Kore-Skulpturen die feineren Details von Kanten, Muskeltonus und geflochtenem Haar. Doch selbst die Kourosh-Skulpturen waren fad, emotionslos und steif. Und schließlich, sobald Körperbau und Emotion gemeistert wurden, wurde die Bildhauerei in der Ära der klassischen Antike perfektioniert.

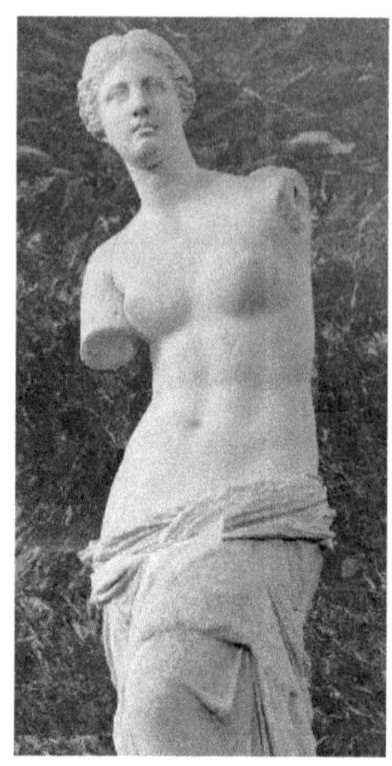

Die Kourosh-Skulptur (obere Hälfte) (links) und die Venus von Milo aus der griechischen klassischen Antike (rechts).

Die Evolution des wissenschaftlichen Verständnisses und sogar das Verständnis der Gravitationstheorie folgt demselben Weg. Jeder Zeitrahmen des wissenschaftlichen Verständnisses und der Technologie, ähnlich wie die archaischen Kunstepochen, präsentierte eine Theorie oder Weltanschauung, die das Universum zu dieser Zeit am besten repräsentierte.

Um die Welt besser zu verstehen, wurde das Mythos der Religion mit einem wissenschaftlichen Standpunkt angegangen und bildete zwar die logische Logos Rhetorik. Die mathematischen Beschreibungen von

Pythagoras, Archimedes und Euklid - und die philosophischen Argumente von Anaximander, Heraklit und Aristoteles - ebneten den Weg zu unserem Verständnis über die Natur der Dinge, die wir heute für selbstverständlich halten.

Mit der Entwicklung von Zeit und Technologie muss sich auch unser Verständnis von der Natur weiterentwickeln. Darum hat die Erde, die als flach lange geglaubt wurde, sich ihre kugelförmige Form befindet. So erfuhren wir auch, dass das Universum, das vermutlich 6.000 Jahre alt ist, tatsächlich 13,8 Milliarden Jahre alt ist. Aber während wir uns schrittweise in die Zukunft bewegen, ist es eher ermutigend, ohne vollständige Regression auf die Vergangenheit zurückzublicken.

Wäre dies nicht der Fall, dann wäre die Renaissance nicht eingetreten. Die Philosophien der alten Denker wurden wiederaufgetaucht und so die wissenschaftliche Revolution inspirieren, die von Galileo, Kepler und Kopernikus vorangetrieben wurde. Dies wiederum würde Sir Isaac Newton, James Clarke Maxwell, Albert Einstein, Stephen Hawking und viele andere Wissenschaftler auf ihre eigenen wissenschaftlichen Revolutionen inspirieren.

Ich möchte klarstellen, dass die Physik keine tote Wissenschaft ist, sondern eine Lebendige, deren Ziel es ist, dieses Rätsel unseres Verständnisses des Universums zu lösen.

Vor Sokrates gab es den antiken griechischen Philosophen Anaximander, der wohl der erste Wissenschaftler genannt wird. Obwohl ein Philosoph, näherte Anaximander sich der altgriechische Mythos aus einer wissenschaftlichen Sicht, die die Grundlage der Logos Rhetorik bilden würde, die später von Pythagoras und Aristoteles getragen wurde. Es wäre durch diese Rhetorik, die die Praktizierenden der wissenschaftlichen Revolution inspirieren würde, den katholischen Mythos in wissenschaftliche Fakten umzudefinieren. Dies wiederum hatte zu den Grundlagen vieler weithin akzeptierter wissenschaftlicher Theorien geführt, wie Galileos Trägheitsprinzip, Newtons Bewegungs- und Gravitationsgesetze und Kopernikus heliozentrisches Modell.

Der präsokratische Philosoph Anaximander.

Anaximanders Sieben Grundlagen der Natur, die in Prosa mit dem Titel Περι φυσεως (*Peri physeós,* oder Zur Natur) geschrieben wurde, würden skizzieren, wie der Philosoph die Natur verstand. Die sieben Basen sind wie folgt angegeben:

1. Das Auftreten von Phänomenen und die Verwandlung einer Sache zu einer anderen werden durch "Notwendigkeit" geregelt.

Die erste Grundlage besagt, dass physikalische Phänomene und Evolution, die von der Zeit beeinflusst werden, durch diese sogenannte "Notwendigkeit" oder ein Grundgesetz reguliert werden müssen. Dieses Postulat war das erste, das anerkennt, dass die Natur durch verschiedene Gesetze der Wissenschaft diktiert wird.

2. Die endlichen Bestandteile der Natur leiten sich von einer ursprünglichen Singularität ab, oder aus dem "Apeiron" oder "Unendlichkeit".

Dieses "Apeiron" war der "Arche" oder "Ursprung" allen Lebens. Laut Anaximander können alle Substanzen unserer Erfahrung als etwas Natürliches verstanden werden, die aber gleichzeitig nicht zu den Substanzen in unserem Alltag gehört. Dabei geht es um die realistische Frage: "Was ist Wahrnehmung?" Sind diese Erfahrungsstoffe aus der Natur oder der Übernatur?

Für Anaximander muss es beides sein; wenn man davon ausgeht, dass das, was wir als Teil der Natur sehen, von etwas Übernatürlichem stammen muss, als ob es von göttlichen Ursprüngen wäre. Dies basiert auf der Mythologie, dass natürliche Elemente den Menschen von den Titanen und olympischen Göttern gegeben wurden. Ich würde annehmen, dass Anaximander eine pantheistische (Natur ist Gott) Haltung gegenüber diesem Anspruch der Wahrnehmung eingenommen hätte. Nichtsdestotrotz könnte das "Apeiron" als erster Vorfahre der Urknalltheorie oder sogar des Genesis-Schöpfungsmythos betrachtet werden, dass die zahlreichen Endlichten aus dem einzigartigen Unendlichen stammen. Es würde angenommen werden, dass das Atom, die Faraday-Kraftfelder und andere theoretische Entitäten (d.h. Quarks, Allgemeine Relativität, Quantentheorie usw.) alle von demselben historischen Vorfahren stammten: dem "Apeiron".

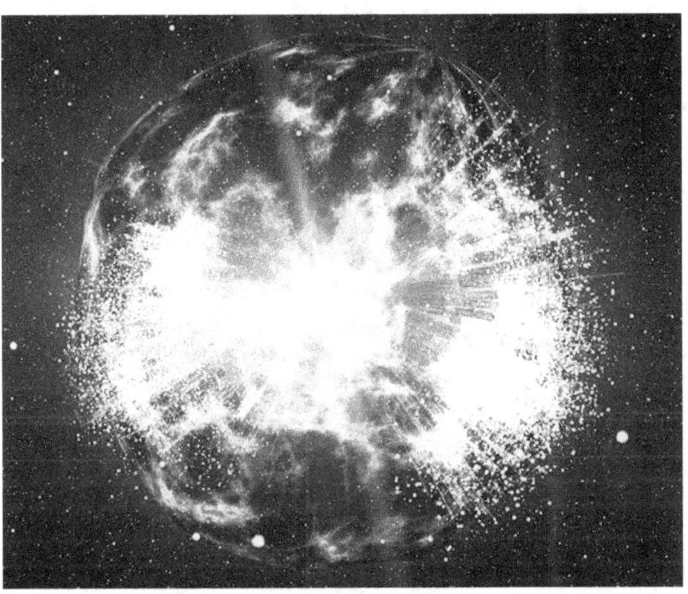

Der Urknall, das moderne Beispiel des Apeiron.

3. Die Welt kam durch die Trennung der heißen und kalten Kräfte von den "Apeiron". Die heißen Kräfte würden dann geteilt, um die Sonne, den Mond und die Sterne zu bilden, während die Kälte das Wasser bilden würde, das einst die Erde bedeckte.

4. Die Erde ist eine multidimensionale Einheit, die im Raum schwebt, von der Leere gekrallt, dominiert von keinem anderen Körper.

5. Die Sonne, der Mond und die Sterne drehen sich auf hohlen kreisförmigen Bahnen, oder „Rädern," um die Erde. Was wir als Sonne, Mond und Sterne sehen würden, ist das exponierte Feuer in diesen Rädern. Das „Stern-Rad" ist der Erde am nächsten, das „Mond-Rad" ist in der Mitte, und das „Sonnen-Rad" ist am weitesten entfernt, in einem Entfernungsverhältnis von 9 : 18 : 27 (das heißt

beim Nennwert "sehr weit", "noch sehr weit", "übersteigend weit").

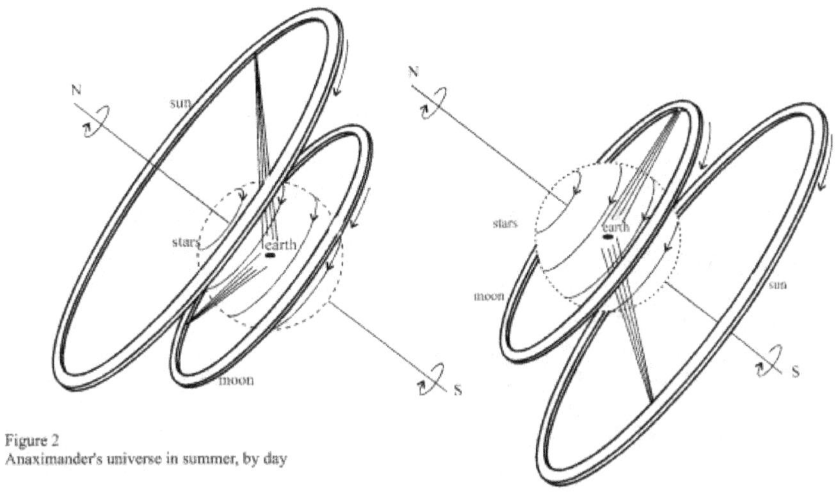

Figure 2
Anaximander's universe in summer, by day

Figure 3
Anaximander's universe in winter, by night

Kosmologie von Anaximander

Zu den entsprechenden altgriechischen Mythen gehören die Entstehung der Welt aus dem Chaos und die Geschichte von Atlas, der die Welt auf seinen Schultern hält. Diese drei Basen als Beschreibung der Erde und anderer Himmelskörper zu haben, war jedoch ein Beweis für einen kritischen Punkt in Bezug auf den wissenschaftlichen Fortschritt: "Das Abenteuer der Wissenschaft basiert auf der Anhäufung von Wissen, aber seine Seele ist die ewige Veränderung."

Das Wesen des wissenschaftlichen Denkens besteht im Vermeiden, an die fehlerhaften Weltanschauungen zu klammern, und sie stattdessen im Lichte von Wissen, Beobachtung, Diskussion, unterschiedlichen Ideen und Kritiken zu verändern. Für Anaximander, den Schöpfungsmythos und die altgriechische Kosmologie mit seinem "Apeiron" und den Feuerrädern neu zu interpretieren, waren dies damals revolutionäre Behauptungen. Aber nach heutigen modernen Standards fehlten sie, denn wir kennen die Orbitalbewegung und das heliozentrische Modell.

6. Meteorologische Phänomene haben natürliche Ursachen.

Anaximander war der erste, der erkannte, dass Regenwasser das Wasser war, das aus dem Meer und den Flüssen verdunstete, und dass die Erdbeben die Risse der Erde waren (obwohl sie wegen übermäßiger Hitze oder Regen behaupteten, ohne vorher an tektonische Plattenwechselwirkungen zu denken). Er vermutete auch, dass Donner und Blitze durch das Zusammenprall und das Aufteilen von Wolken verursacht wurden.

7. Alle Tiere, einschließlich der Menschen, stammten ursprünglich aus dem Meer, das einst die Erde bedeckte, als Nachkommen von Fischen oder fischähnlichen Kreaturen.

Da Griechenland praktisch von Wasser umgeben ist, müssen Fische eine wesentliche Rolle für das altgriechische Leben und das Überleben seiner Gesellschaft gespielt haben. Aufgrund seiner Bedeutung würde dies logischerweise erklären, warum Anaximander eine solche Theorie erdacht hätte, dass alle Geschöpfe der Natur (auch Menschen) aus dem Meer kamen. Dies dürfte ein Zufall gewesen sein, vor allem dank der Biologie, dass das erste Leben von mikroskopischen Organismen kam, die in den Ozeanen lebten.

Die wissenschaftliche Philosophie von Anaximander, so revolutionär sie zu seiner Zeit waren, fehlte jedoch an experimenteller Beobachtung und Messungen – ähnlich wie die heutigen Quantentheorien der Schwerkraft. Das würde Anaximander als Wissenschaftler diskreditieren, oder? Das ist das Missverständnis der Wissenschaft, dass quantitative Ergebnisse, experimentelle Beobachtungen und mathematische Techniken einen logischen, wissenschaftlichen Anspruch festigen. Sie sind jedoch nur Werkzeuge einer wissenschaftlichen Theorie, nicht die Theorie an sich. Das explizite Ziel der Wissenschaft ist es NICHT, korrekte quantitative Vorhersagen zu treffen, sondern einfach zu verstehen, wie die Welt funktioniert (vorausgesetzt, dass die fragliche Theorie rational, logisch und widerlegbar ist).

Es ist der ewige Prozess der kontinuierlichen Veränderung und Verbesserung einer begrifflichen Bedeutung der Natur, der den wissenschaftlichen Fortschritt umreißt. Eine wissenschaftliche Theorie müsste daher eine vernünftige philosophische Hypothese haben, die das Potenzial haben muss, durch Veränderung verbessert zu werden. In diesem Sinne werde ich die Gravitation als klassische Theorie einführen.

DIE KLASSISCHE
THEORIE DER
SCHWERKRAFT

NEWTONSCHE SCHWERKRAFT

In der Antike war das seltsame Phänomen der Gravitation in Griechenland und Indien eine philosophische Frage. Im antiken Griechenland vermutete der Philosoph Archimedes, dass sich der Mittelpunkt der Masse (der Schwerpunkt) jeder Form und jedes Objekts in seinem geometrischen Zentrum befindet. Die alten indischen Philosophen Aryabhata und Brahmagupta hielten beide die Schwerkraft für die attraktive Kraft, die uns davon abhält, von der Erdrotation nach außen geworfen zu werden; sie nannten es "gurutvaakarshan".

Im antiken Rom vermutete der Architekt und Ingenieur Vitruvius, dass die Schwerkraft eines Objekts nicht von seinem Gewicht, sondern von seiner "Natur" abhänge. Diese philosophischen Gedanken würden schließlich den Weg zur klassischen Beschreibung der Schwerkraft ebnen und schließlich mit der Anekdote des Apfels enden, der auf Newtons Kopf fällt.

Sir Isaac Newton

Sir Isaac Newton war ein Cambridge-Student, als er Kalkül und seine drei Bewegungsgesetze formulierte. Aber als er gefragt wurde, ob seine drei Gesetze in der universellen Skala angewendet werden könnten, brauchte es einen Apfel, um auf seinem Kopf zu landen (oder neben ihm, die meisten Leute gehen mit letzterem), um einen großen Gedanken zu verwirklichen: freier Fall und Gravitationsanziehung ist dasselbe.

Vor Newton war der Renaissance-Wissenschaftler Galileo Galilei, der in der Lage war, die Rate des freien

Falls zu berechnen. Solche Rechnung war eine konstante Beschleunigung von $g = 9.81 \text{ m/s}^2$.

Galileo Galilei

Bevor Newton die "universelle Schwerkraft" betrachtete, sah er die Kraft der Schwerkraft nur als die Kraft des freien Falls: (die Kraft eines fallenden Objekts ist das Produkt zwischen der Masse des Objekts und der Rate des freien Falls). Aber Newtons Sicht auf die Schwerkraft muss nicht nur seinen drei Bewegungsgesetzen gehorchen, sie würde sich auch auf seine Kraft des freien Falls ausdehnen: $F = mg$.

Newtons erstes Gesetz besagt, dass das Gesetz der Trägheit auf alle Objekte angewendet wird: ein ruhendes Objekt bleibt ruhend, und ein Objekt in Bewegung bleibt in Bewegung. Hier auf der Erde gilt dies sowohl für ruhende, stationäre Objekte als auch für Objekte in gleichmäßiger Bewegung.

Im Weltraum könnte ein freischwebendes Objekt entweder stationär oder in gleichmäßiger Bewegung durch das Vakuum sein. Betrachten Sie einen Asteroiden; wir können nicht sagen, ob sich ein Asteroid bewegt. Es sei denn, es gibt stationäre Sterne, mit denen wir seine Bewegungen vergleichen können. Wenn sich ein Asteroid im tiefen Raum befindet, in der schwarzen Leere des Vakuums, gibt es keine Gewissheit, ob sich dieser Asteroid überhaupt bewegt oder nicht.

Das zweite Gesetz der Bewegung ist das Gesetz der Kraft: um die Trägheitsbezugsrahmen zu ändern, erfordert es eine externe nicht-inertiale Kraft. Isaac Newton entwarf dieses Gesetz mit der dazugehörigen Gleichung: $F = ma$, wobei a die Beschleunigung eines Objekts mit Masse m ist. Hier auf der Erde kann Beschleunigung Schub, Spannung, Reibung und frei fallendes bedeuten. Draußen im Weltraum ist Newtons Schwerkraft die gegenseitige Anziehungskraft zwischen zwei Objekten. Da es sich um eine Anziehungskraft handelt, muss die Schwerkraft stärker sein, wenn die beiden Objekte einander näher gezogen werden. Dies erweitert die frei fallende Kraft als "Gravitationskraft:"

$$F_g = G\,\frac{m_1 m_2}{|r|^2}$$

Wo m_1 und m_2 sind die jeweiligen Massen des ersten und zweiten Objekts, $|r|$ ist der Abstand, der die beiden Massen trennt, und G ist die Gravitationskonstante des Wertes $6.67 \times 10^{-11}\,\mathrm{N} * \mathrm{m}^2/\mathrm{kg}^2$.

Diese universelle Konstante G, konventionell Newton-Konstante genannt, wird auch als Cavendish-Konstante bezeichnet. Ihr Wert wurde erstmals 1798 vom englischen Wissenschaftler Henry Cavendish als Ergebnis eines Experiments berechnet, das er durchführte. Er beobachtete die Wechselwirkungen zwischen zwei kleinen Massen, die an den Enden einer dünnen hängenden Hantel befestigt waren, und zwei viel größeren benachbarten Massen. Sein Experiment war eine Simulation der Gravitationsinteraktion zwischen astronomischen Objekten.

Aufgrund der Schwäche der Schwerkraft zwischen den Objekten führte die Konstante zu einer kleinen Zahl. Interessant genug, Newton war sich des Wertes dieser Konstante nicht bewusst. Aber er wusste, dass es seine Verhältnismäßigkeiten in sein Gesetz einfügte und es so in seine Gleichungen einschloss.

Wenn die Entfernung $|r|$ der Radius der Erde $|R|$ ist, dann wird die Gravitationskraft zur Kraft des freien Falls:

$$m_1 g = G \frac{m_1 m_2}{|R|^2}$$

Lassen Sie m_1 das frei fallende Objekt sein. Durch Newtons Schwerkraft definiert dies Galileos Rate des freien Falls als das "Gravitationsfeld" eines jeden Himmelsobjekts:

$$g_2 = G \frac{m_2}{|R|^2}$$

Beachten Sie, dass g für alle Planeten und Sterne sowie für alle massiven Objekte im Universum gilt. Für die Erde ist die Freifallkonstante $g = 9.81$ m/s^2 auch die konstante Gravitationsrate auf der Erde. Aber dieser Wert ist nicht für alle massiven Objekte gleich, denn jeder Planet hat eine andere Masse und ein anderes Volumen. Dies führt zu der Idee, dass größere Massen stärkere Gravitationen haben. Für Jupiter der Masse 1.90×10^{27} kg ist seine Gravitationsrate 24.79 m/s^2, in der Tat stärker als die Schwerkraft der Erde.

Natürlich müssen Objekte, die den Gravitationszug eines Planeten verlassen (zum Beispiel NASA-Raketen), sich mit einer solchen Geschwindigkeit bewegen, die den Gravitationszug überwältigen kann. Dies wird als "Fluchtgeschwindigkeit" bezeichnet:

$$v_{\text{esc}} = \sqrt{\frac{2Gm_2}{|R|}}$$

Das kommt von der Energieeinsparung zwischen der anfänglichen Gravitationspotentialenergie einer Rakete auf der Erdoberfläche und ihrer letzten kinetischen Energie im Weltraum.

Und schließlich ist Newtons drittes Bewegungsgesetz das Gesetz des *accio-reaccio*, des Handelns und der Reaktion: die Kraft eines Referenzobjekts ist gleich, aber entgegengesetzt gegenüber der Kraft des anderen Objekts. Nach Newtons Gesetz der

Schwerkraft ist die Gravitationskraft zwischen Erde und Mond gleich der Kraft zwischen Mond und Erde:

$$m_1 G \frac{m_2}{|r|^2} = m_2 G \frac{m_1}{|r|^2}$$

Wo die Gravitationsfelder g_2 und g_1 beinhalten unendlich weite Entfernungen von $|r|$, die die Massen m_1 und m_2 trennen.

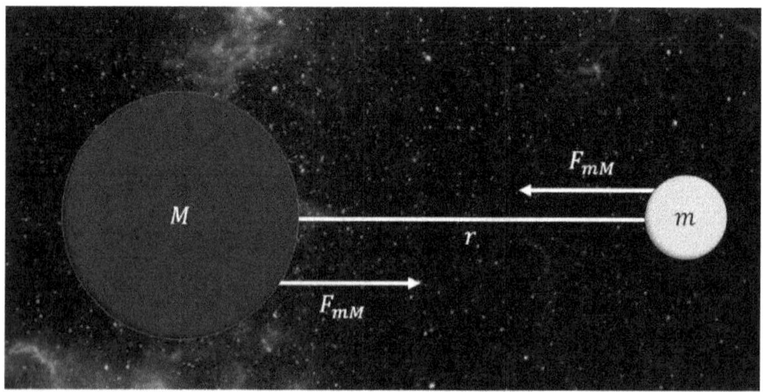

Ein Beispiel für universelle Gravitation.

Wie wir gesehen haben, gehorcht Newtons Gesetz der universellen Gravitation seinen vorherigen drei Bewegungsgesetzen. Und wegen seiner Genauigkeit und makellosen Mathematik wurde Isaac Newton bei der Entdeckung der Schwerkraft als physische Kraft zugeschrieben. Newtons Gesetz der Schwerkraft hatte die Ableitung von mehr Mathematik inspiriert und zu erfolgreichen Entdeckungen weiterer Planeten geführt.

Der deutsche Mathematiker Johann Carl Friedrich Gauß leitete den Begriff des "Gravitationsflusses" ab: wie viel Gravitationsfeld in die Oberfläche eines Himmelsobjekts eindringt:

$$\Phi_g = 4\pi GM$$

Was sich linear im Verhältnis zur Massezunahme erhöht.

Johann Carl Friedrich Gauß

Dies gibt uns eine Vorstellung von der Stärke der Schwerkraft in Bezug auf die Masse, allein. Wenn normale, alltägliche Objekte, die wir hier auf der Erde beobachten und mit denen wir konfrontiert werden, in den Weltraum geschickt würden, wäre der Gravitationsfluss, den sie induzieren würden, deutlich schwächer als der Gravitationsfluss der Erde, des Jupiter oder sogar des der Sonne. Deshalb haben Astronauten, die frei im Weltraum schwimmen, keine eigenen Gravitationsfelder wie Planeten und Sterne.

Aber die Frage wäre jetzt, *wie viel Masse es brauchen würde, um Gravitationsfelder zu schaffen?* Diese Frage beantwortete Albert Einstein mit seiner allgemeinen Relativitätstheorie: seiner eigenen Gravitationstheorie (die in Kürze behandelt werden wird).

Isaac Newton beschrieb die Schwerkraft als eine Kraft, eine Wechselwirkung zwischen einer Testmasse und einer Quellmasse. Aber hinter seiner Mathematik und seiner Theorie der Schwerkraft als Kraft, sagte Newton nie, was Schwerkraft eigentlich *war*. Die Kraft einer Feder ist beispielsweise das elastische Dehnen und Komprimieren einer Feder: eines gewickelten Drahts aus flexiblem und formbarem Metall. Aber die Kraft der Schwerkraft ist die gegenseitige Anziehung von Himmelsobjekten mit induzierten Gravitationsfeldern, die (`Definition eines Gravitationsfeldes einfügen`) sind.

Das war absichtlich.

Die Ironie ist jedoch, dass die Wissenschaftler von Newtons Alter bis Einstein sich weniger darum kümmern würden, was die Gravitation ist, sondern nur, wie sie sich auf das Universum auswirkt. Durch Newtons Mathematik würden wissenschaftliche Errungenschaften in der Astronomie durch die Entdeckungen von Uranus 1781 und Neptun 1846 hervorbringen. Aber es gab einen Schluckauf in Newtons Theorie der Schwerkraft: Merkurs exzentrische Umlaufbahn.

EINSTEINS SCHWERKRAFT

Albert Einstein erlangte 1905 akademischen Ruhm vom Schweizer Patentamt, nachdem er vier aufeinanderfolgende Arbeiten veröffentlicht hatte, die die Bewegung der modernen Physik ankurbelte. Sein viertes und letztes Papier von 1905 beschäftigte sich mit der "Elektrodynamik sich bewegender Körper", d. h. der Physik von Objekten, die sich der Lichtgeschwindigkeit nähern.

James Clerk Maxwell

Vor Einstein war der schottische Physiker James Clerk Maxwell. Maxwell erklärte, dass die elektrischen und magnetischen Felder (die bisher als getrennt und unabhängig voneinander betrachtet wurden) zu einem "elektromagnetischen Feld" vereinheitlicht werden können. Der Satz mathematischer Gleichungen, die diesen Anspruch stützen würden, wurde selbst abgeleitet, genannt die "Maxwell-Gleichungen:"

$$\nabla \cdot E = \frac{\rho}{\varepsilon_0}$$
$$\nabla \cdot B = 0$$
$$\nabla \times E = -\partial_t B$$
$$\nabla \times B = \mu_0 \varepsilon_0 \partial_t E + \mu_0 j$$

Wobei E das elektrische Feld ist, B das Magnetische Feld, μ_0 die magnetische Durchlässigkeitskonstante (eine Konstante für Magnetismus) und ε_0 die elektrische Permittivitätskonstante (eine Konstante für Elektrizität).

Diese Gleichungen beschreiben den Fluss und die Rotationen der elektrischen und magnetischen Felder, wie sie in irgendeiner Weise miteinander verwandt sind. Wenn wir uns diese Gleichungen ansehen, hängen sie letztlich von der Umgebung der Wechselwirkung ab. Ein Sortiment von Metallen hat eine Vielfalt an elektrischer und magnetischer Leitfähigkeit (Kupfer ist beispielsweise leitfähiger als Blei), ebenso wie Atemluft und das Vakuum des Weltraums ebenso unterschiedlich sind. Da wir uns mit der Schwerkraft im Weltraum befassten, sollten wir uns die Vakuumumgebung ansehen. Dies ist wichtig, weil im Vakuum keine Ladung oder Stromdichten vorhanden sind, sondern nur dynamische elektrische und magnetische Felder:

$$\nabla \cdot E = 0$$
$$\nabla \cdot B = 0$$
$$\nabla \times E = -\partial_t B$$
$$\nabla \times B = \mu_0 \varepsilon_0 \partial_t E$$

Die obigen Gleichungen sind wesentlich für die Beschreibung dieser einheitlichen "elektromagnetischen Felder". Maxwell dachte sogar, dass die elektrischen und magnetischen Felder als Wellen wirken können. Durch diese überarbeiteten Gleichungen leitete James Clerk Maxwell diese Wellengleichungen für die beiden Felder ab:

$$\nabla^2 E = \mu_0 \varepsilon_0 \partial_t^2 E$$
$$\nabla^2 B = \mu_0 \varepsilon_0 \partial_t^2 B$$

Die beiden teilen die grundlegenden Konstanten von Elektrizität und Magnetismus. Zusammen würden die grundkonstanten von Elektrizität und Magnetismus eine elektromagnetische Konstante c kombinieren und bilden. Allerdings wirkt diese gekoppelte Konstante wie Geschwindigkeit, denn Wellen sich mit einer gewissen Geschwindigkeit ausbreiten. Diese Konstante c ist daher eine Form der Geschwindigkeit: die Lichtgeschwindigkeit,

$$c = \frac{1}{\sqrt{\mu_0 \varepsilon_0}} = 3 \times 10^8 \text{ m/s}$$

Diese Geschwindigkeit gilt als augenblicklich, die sich bis in die Frage der Kausalität erstrecken kann. Da die Lichtgeschwindigkeit eine konstante Geschwindigkeit ist, mit der kein anderes bekanntes Objekt fahren konnte, wurde auferlegt, dass keine physische Geschwindigkeit jemals die Lichtgeschwindigkeit überschreiten darf.

Aber nach der Physik von Newton, wenn ein Wanderer eine beleuchtende Laterne trägt, müsste die Geschwindigkeit des emittierten Laternenlichts Lichtgeschwindigkeit plus die Gehgeschwindigkeit sein.

Trotz der Konvention der Newtonschen Gesetze wurde es durch Laser und die Rotation der Erde bewiesen, dass die Lichtgeschwindigkeit sich überhaupt nicht ändert. Die Lichtgeschwindigkeit ist immer noch eine Konstante, aber wie?

Laut Einstein müssen sich Raum und Zeit (in Newtons Bewegungs- und Gravitationstheorien für absolut gehalten) ändern, um die konstante Natur der Lichtgeschwindigkeit zu befriedigen. Unter "spezielle Relativitätstheorie" muss sich der Raum zusammenziehen, und die Zeit muss sich vermehren, um die Physik der Bewegung in der Nähe der Lichtgeschwindigkeit zu erhalten. Weil keiner von uns mit oder in der Nähe der Lichtgeschwindigkeit unterwegs ist, wie könnten wir wissen, dass dies wahr ist? Lassen Sie uns mit Lasern spielen.

Das Experiment, das die Lichtgeschwindigkeit unter "Galiläische Relativität" testete, war das Michaelson-Morley-Experiment, das beweisen wollte, dass sich die Lichtgeschwindigkeit in zwei Szenarien ändert: mit einem Laser, der in Richtung der Erdrotation zeigt (erwartet, dass sich das Licht beschleunigt) und mit dem Laser, der gegen die Erdrotation zeigt (erwartet, dass sich das Licht verlangsamt).

Wie bereits erwähnt, zeigten beide Szenarien, dass die Lichtgeschwindigkeit gleichblieb. Das Experiment lieferte ein "Null-Ergebnis", eine dennoch bahnbrechende Entdeckung, ohne die ursprüngliche Hypothese zu beweisen. Daher wurde die Lichtgeschwindigkeit zu einer Konstante für Einsteins Relativitätstheorie.

Albert Einstein

1907 begann Einstein in Prag, den Fehler in seiner revolutionären Relativitätstheorie zu erkennen. Spezielle

Relativitätstheorie betrachtet nur konstante Geschwindigkeiten, aber die Rotation der Erde und die Geschwindigkeit des freien Falles hängt von der Beschleunigung ab, eine Änderung der Geschwindigkeit. Es störte Einstein, bis er auf die gleiche Erkenntnis stieß, die Newton vorher machte; Freifallen und Schwerkraft sind dasselbe. Statt Äpfeln dachte Einstein an hinfallende Aufzüge.

Wenn die Hängekabel durchtrennt würden und der besetzte Aufzug im freien Fall wäre, würden die Menschen, ihr Handgepäck, sogar der Aufzug im gleichen Tempo fallen. Sie würden schwerelos im Weltraum schweben, ähnlich wie ein freischwebender Asteroid. Wenn Sie sogar einen leuchtenden Laser beobachten würden, der im Aufzug unterwegs ist, sowohl während Sie sich darin als auch außerhalb des Aufzugs befinden, würden Sie zwei verschiedene Beobachtungen desselben Vorkommens sehen. Von innen des Aufzugs würde der Laser in einer geraden Linie bewegen und die gegenüberliegende Wand treffen. Von außen würde man jedoch sehen, dass der gerade Weg des Lasers tatsächlich gekrümmt ist.

Aber wie hängt gebogenes Licht mit Raum und Zeit zusammen? Raum und Zeit müssen sich umgekehrt ändern, um die konstante Lichtgeschwindigkeit zu befriedigen.

Wenn Licht biegbar ist, dann sind Raum und Zeit auch biegsam. Dies war der Grundstein für Einsteins Theorie der *allgemeinen* Relativität: die Verallgemeinerung zur speziellen Relativitätstheorie, die sich mit der Neudefinition der Schwerkraft befasste.

Albert Einstein darf die allgemeine Relativitätstheorie für seine eigenen Zwecke theorisieren, um die spezielle Relativitätstheorie zu verallgemeinern. Aber Einstein vermutete, dass es einen kritischen Fehler in Newtons Gravitationstheorie lösen könnte: Merkurs exzentrische Umlaufbahn. Merkur, der Planet, der der Sonne am nächsten ist, hat eine einzigartige Umlaufbahn, die chaotisch vorausgeht, während er eine vollständige Revolution macht. Eine solche Situation in Uranus' Umlaufbahn führte zur Entdeckung von Neptun; so behaupteten Newtonsche Physiker, dass es einen anderen Planeten geben müsse, der näher an der Sonne ist, der "Vulkan" genannt wird.

Nach gescheiterten Versuchen, Vulcan zu erkennen, glaubten viele, dass die Helligkeit der Sonne den Planeten verbarg. Aber Einstein war dafür bekannt, ein Abtrünniger zu sein und stellte die Existenz des Planeten in Frage. 1915, zehn Jahre nach der speziellen Relativitätstheorie, veröffentlichte Albert Einstein die allgemeine

Relativitätstheorie, die mit der dazugehörigen Gleichung einging:

$$G_{\mu\nu} = \frac{8\pi G}{c^4} T_{\mu\nu}$$

Wobei $G_{\mu\nu}$ beschreibt die geometrische Biegung von Raum und Zeit, die mit dem relativistischen Gravitationsfluss eines Himmelsobjekts zusammenhängt, das von $T_{\mu\nu}$ abgegeben wird. Wie wir sehen können, sind sowohl G als auch c in dieser Gleichung miteinander verbunden. Daher ist die allgemeine Relativitätstheorie in der Tat eine Gleichung für die relativistische Gravitation.

Die Gleichung zur allgemeinen Relativitätstheorie ist eigentlich ein Netzwerk von 10 Gleichungen: zehn Möglichkeiten, drei Dimensionen des Raumes und eine zusätzliche Dimension der Zeit zu verziehen. Daher werden Einsteins Gleichungen die "Feldgleichungen" genannt.

Die Mathematik, die zur Ableitung führte, ist ziemlich kompliziert und komplex, aber die physikalische Beschreibung dieser Gleichung beantwortete eine Frage über die Schwerkraft Newton konnte vorher nicht beantworten. Auf die Frage, was Gravitation überhaupt ist, ließ Newton sie unbeantwortet und sagte dazu: "Die

Gottheit erträgt die Absolutheit des Raumes und der Dauer", praktisch gesagt: "Ich weiß es nicht, aber Gott muss, also da."

Die Idealisierung von Einsteins allgemeiner Relativitätstheorie.

Aber durch Einstein wird die Schwerkraft durch die Beugung von Raum und Zeit induziert. Die Schwerkraft wird plötzlich teils des Raums und der Zeit, selbst. Einstein wagte sogar zu sagen, dass Raum und Zeit zu einem "Raumzeitkontinuum" vereinigt werden können: ein unendliches gitterartiges, flexibles Gewebe, das von Himmelsobjekten verzerrt wird, um Gravitationsfelder zu simulieren. Daher ist die Gravitation keine Kraft, wie Newton vorschlug, sondern eine grundlegende Eigenschaft der Raumzeit und der astronomischen Massen. Je tiefer die induzierte Raumkrümmung von einem Quellobjekt ist, desto stärker ist ihre Quellgravitation. Orbitale Bewegung, nach Einstein, ist das kontinuierliche Driften entlang dieser Raumzeitkrümmungen.

Was Einstein auch durch die Feldgleichungen beschrieb, ist, dass Raum und Zeit auf die Grade der Zeitdilatation und Längenkontraktion von der speziellen Relativitätstheorie verzerrt werden, basierend auf der Stärke des Gravitationsfeldes eines Objekts. Die Stärke der Schwerkraft hängt daher mit dem Krümmungsgrad zusammen, den eine Masse auf das Raumzeitkontinuum anwendet. Unter stärkeren Gravitationsfeldern erlebt ein frei fallendes Objekt langsamere Zeit und kürzere Längen.

Auf die Frage im Zusammenhang mit dem Gravitationsfluss, wie viel Masse erforderlich ist, um überhaupt Gravitationsfelder zu haben, würde Einstein sagen, dass *jede* Masse, ob groß oder klein, die Raumzeit kurven und somit Gravitationsfelder haben könnte. Jede Masse kann unendlich groß sein, aber wie unendlich *klein* muss eine Masse sein, um die Raumzeit zu biegen? Das würde Stephen Hawking mit seiner Arbeit an der "Schwarzlochentropie" beantworten. Aber bevor ich Hawking überhaupt erwähne, möchte ich Ihnen einen Mann vorstellen, der sich zuerst schwarze Löcher ausgedacht hat:

einen deutschen Soldaten an der russischen Front im Ersten Weltkrieg.

SCHWARZE LÖCHER UND GRAVITATIONSWELLEN

Es war nur einen Monat, nachdem Albert Einstein seine Feldgleichungen für die allgemeine Relativitätstheorie abgeleitet hatte. Der Mann, der die Physik neu definierte, glaubte, dass seine Arbeit getan war. Wenig wusste er, dass dies sicherlich nicht der Fall war. Albert hielt seine Gleichungen für unlösbar. Wie könnte jemand die Zeit finden, eine exakte Lösung für zehn Gleichungen abzuleiten? Die allgemeine Relativitätstheorie wurde nur abgeleitet, um 1) seine Theorie der speziellen Relativitätstheorie von 1905 zu verallgemeinern, 2) eine Korrektur von Newtons Schwerkraft zu geben und 3) das Geheimnis der exzentrischen Umlaufbahn des Merkur zu lösen. Einstein hätte nie erwartet, dass irgendjemand diese Gleichungen für ein beliebiges Objekt löst, besonders nicht so kurzfristig.

Karl Schwarzschild

Der weltbekannte Physiker war in Berlin, als er einen Brief erhielt. Es stammte von einem Karl Schwarzschild: einem anderen Physiker, Astronomen und einem Soldaten an der russischen Front. Schwarzschild konnte eine Lösung für Einsteins Feldgleichungen finden - für ein supermassives, nicht rotierendes Objekt, dessen Gravitationsanziehung unausweichlich ist, sogar zum Licht. Einstein war ungläubig: Jemand löste seine Gleichungen, und das Ergebnis ist ein monströses Objekt, "nicht einmal Gott hätte es erschaffen können." Karl Schwarzschild war der einzige Mann, der Einsteins Gleichungen für ein schwarzes Loch löste.

Da die Raumzeit durch astronomische Objekte verzerrt wird, deuten diese Krümmungsgrade auf die Verlangsamung der Zeit und die Kompression des Raumes hin. Was wäre, wenn die Zeit so langsam wäre, wäre sie "dauerhaft eingefroren?" Was wäre, wenn der Raum so komprimiert würde, würde er kleiner als ein Punkt werden?

Die allgemeine Relativitätstheorie deutet auch darauf hin, dass die Schwerkraft das Licht rot verschiebt (die Wellenlänge eines Lichtstrahls verlängert). Aufgrund der extremen Krümmung der Raumzeit von diesen schwarzen Löchern wird sichtbares Licht rotverschoben, bis es zu unsichtbaren Radiowellen wird. Die Fragen werden die folgenden, *was ist der Radius dieses gottlosen Objekts? Wie weit vom Zentrum eines Schwarzen Lochs entfernt gefriert die Zeit und der Raum wird zu einer Singularität?* Und vor allem: *Was sind Schwarze Löcher?*

Schwarze Löcher waren einst Sterne mit Massen von mindestens drei Sonnen (die Masse der Sonne ist 2×10^{30} kg). Erstens wird ein Stern durch das Gleichgewicht zwischen seiner Gravitationskraft und der Kernkraft erzeugt, die er in seinen Kern- und Innenschichten erzeugt. Dies wird als "Chandrasekhar-

Grenze" bezeichnet. Wenn Sterne wachsen und an Masse zunehmen, muss die Kernenergie im Inneren diesen Balanceakt mit der Gravitationskraft aufrechterhalten. Das heißt, bis das Kernlager im Inneren ausläuft, wenn der Stern seinen Untergang beginnt.

Sterne haben unterschiedliche Massen; ihre Wahrscheinlichkeit, ein schwarzes Loch zu werden, hängt davon ab. Bei massiven Sternen von über drei Sonnen überwindet die Gravitationskraft des Sterns schließlich seine Kernkraft. Alle Atome und Teilchen in den Innereien des Sterns werden überwältigt, von der sehr stärkeren Gravitationskraft in Fetzen gerissen. Alles, was einst den Stern ausmachte, ist nun in einer Schwarzen Loch-Singularität fixiert. Das Gravitationsfeld an der Singularität ist so stark, dass es sichtbares Licht in die Unsichtbarkeit dehnt. Dieser Bereich des unsichtbaren Schwarzes erstreckt sich über den Durchmesser des Schwarzen Lochs von $d = 2r_S$, wobei

$$r_S = \frac{2GM}{c^2}$$

der "Schwarzschildradius" ist: der Radius eines schwarzen Lochs der Masse M.

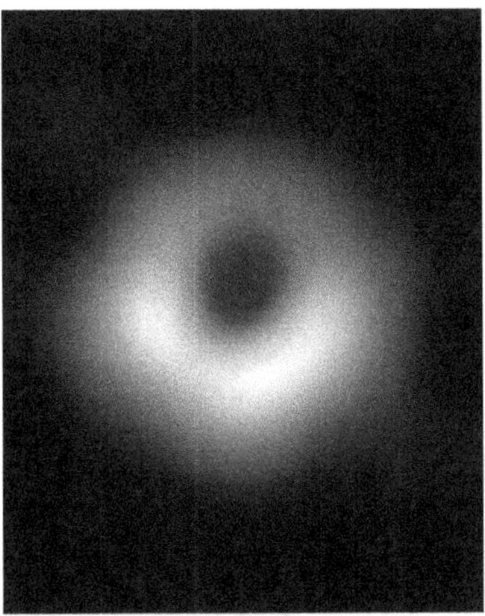

Ein schwarzes Loch (Schütze A)

Die Lösung für die Fluchtgeschwindigkeit eines Schwarzen Lochs würde sich als die Lichtgeschwindigkeit erweisen. Fluchtgeschwindigkeiten sind im Allgemeinen das Minimum, wie schnell sich ein entlaufenes Objekt bewegen muss. Aber wenn die minimale Geschwindigkeit, um einem schwarzen Loch zu entkommen, die Lichtgeschwindigkeit ist (und die Gesetze der Physik verbieten es, die Lichtgeschwindigkeit zu übertreffen), dann sind Schwarze Löcher wirklich unausweichlich.

Der äußere Rand des Schwarzen Lochs wird als "Ereignishorizont" genannt: der Moment in der Raumzeit, in dem frei fallende Objekte in Raum und Zeit zu schweben scheinen. Da die Raumzeitkrümmung des Schwarzen

Lochs extrem ist, friert ein Schwarzes Loch die Zeit ein und komprimiert den Raum in eine Singularität. Ein Objekt, das in ein schwarzes Loch hinein frei fällt, wird von externen Beobachtern gesehen, dass sie in Raum und Zeit entlang des Ereignishorizonts eingefroren werden, während in der freifallenden Perspektive wird ihr physisches Wesen in eine Spaghetti-Nudel verdünnt.

1916, ein Jahr nach der allgemeinen Relativitätstheorie und der Hypothese der Schwarzen Löcher, dachte Albert Einstein jedoch an eine weitere Konsequenz seiner Theorie. Einstein war in der Lage, die Schwerkraft als die innere Krümmung des Raumzeitkontinuums zu beschreiben. Wenn die Raumzeit jedoch nach innen kurven kann, kann sie sich nach außen kurven und wie ein Wassertropf in einem ruhigen Teich Wellen senden. Dies ist die Grundlage von Gravitationswellen: seismische Wellen auf der Raumzeitgeometrie, Gravitationswellen in der 4D-Raumzeit.

Nach Einsteins Feldgleichungen wendet ein astronomisches Objekt einen "Pseudodruck" auf das Raumzeitgewebe an. Nehmen wir zum Beispiel an, die Sonne verschmolz sofort und verschwindet. Die Sonne kurvt die Raumzeit, während sie Licht aussendet. Damit die gekrümmte Raumzeit flach zurückkehrt, würde das Kontinuum wie ein Teich wellen. Wenn ihr auf der Erde bemerkt, dass die Sonne ausgeht, würdet ihr auch bemerken, dass die Erde nicht mehr im Orbit ist und sich jetzt im freien Schwimmen durch das Vakuum befindet.

Seit astronomische Massen jedoch nicht zufällig verschwinden, müsste die Raumzeit durch andere Mittel schwingen: instabile Schwarzlochbinären sind eine davon. Ein instabiles Schwarzlochbinär ist ein System von zwei schwarzen Löchern, die nach innen in Richtung ihres gemeinsamen Massezentrums spiralen. Aufgrund ihrer extremen Krümmungen sendet die Spirale der beiden schwarzen Löcher Wellen aus, wie wenn Sie Ihre Arme über das Wasser laufen. Sobald die beiden schwarzen Löcher als eins verschmelzen, senden sie den intensivsten Puls im Reißen aus und emittieren eine seismische Welle der Raumzeit aus. Diese geometrische seismische Welle ist die Gravitationswelle.

Wie alle anderen Wellen (wie Schallwellen und elektromagnetische Wellen) werden Gravitationswellen mathematisch als eine Wellengleichung beschrieben. Da diese Wellen relativistisch sind, nehmen sie in der Regel die Form von

$$\left(-\nabla^2 + \frac{1}{c^2}\partial_t^2\right)\psi = 0$$

Wobei die Funktion ψ die Gravitationswelle ist. Die Geschwindigkeit der Gravitationswelle ist auch die Lichtgeschwindigkeit, die Gravitationswellen den Lichtwellen etwas ähnlich macht.

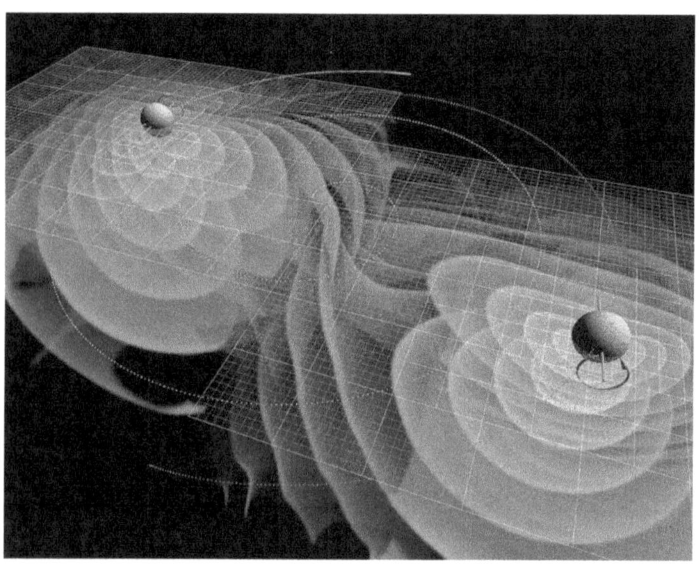

Gravitationswellenbildung von einem Schwarzlochbinär.

Gravitationswellen, bis 2015, waren nur eine theoretische Vorhersage, die durch Einsteins Mathematik geboren wurde. Doch als das Schwarze Loch 1964 vom britischen Mathematiker Roger Penrose anerkannt wurde, schienen Gravitationswellen vielversprechend. In den 1970er Jahren wurde das LIGO-Team (*Laser Interferometer for Gravitational Wave Observation*) unter der Leitung der MIT-Experimentalsten Barry Barish und Rainor Weiss sowie des Caltech-Theoretikers Kip Thorne gegründet. LIGO müsste Gravitationswellen durch superempfindliche Laserinterferometer erkennen, eine Nachbildung des Michaelson-Morley-Experiments im großen Maßstab.

Die LIGO Detectors in Livingston, Louisiana, USA.

Die beiden LIGO-Detektoren in Louisiana und Washington, USA, sind L-förmige Laserrefraktoren, wobei jedes Bein ein evakuiertes Kammerrohr ist, das 4 km lang ist. Mit einem Laser so stark wie 1 MW (genug Leistung für tausend Haushalte) muss er innerhalb einer 10^{-18} - Meter-Änderung der Laserwellenlänge liegen, um Gravitationswellen mit einer 10^{-21} Amplitudendeformität zu erkennen. Mit anderen Worten, die Gravitationswellenerkennung ist, gelinde gesagt, ein aufwendiger und mühsamer Prozess. Am 14. September 2015 gelang den filigranen LIGO-Detektoren dieses Kunststück. Damit erhielten Thorne, Weiss und Barish 2017 den Nobelpreis für Physik.

Theoretisch sprechend können zwei beliebige Massen im Orbit oder in einem Binär die Raumzeit in Wellen schwingen – sogar die Erde und die Sonne. Aufgrund der Schwäche der Schwerkraft durch die Gravitationskonstante G und die kleineren Massen der Sonne und der Erde sind diese Gravitationswellen jedoch schwach im Vergleich zu den Gravitationswellen von zwei supermassiven schwarzen Löchern oder sehr dichten Neutronensternen. Solche Wellen schwingen Energien im Bereich von 10^{46} J für Neutronensterne und 10^{47} J für schwarze Löcher, fünfzigmal stärker als jede Energie, die im Universum emittiert wird.

Beim Verständnis von Gravitationswellen wären wir dem Urknall selbst und vielleicht der Wellenteilchendualität mit dem Graviton einen Schritt näher.

64

DIE BASIS DER
QUANTENMECHANIK

WELLE-TEILCHEN-DUALITÄT

Es war 1900, als der deutsche Physiker Max Planck ein Problem korrigierte, das die klassische Physik nicht lösen konnte. Dieses Problem betraf die Schwarzkörperstrahlung, wobei ein Schwarzkörper ein Wärmeleiter ist, der Wärme (thermische Energie) aufnimmt und Licht der entsprechenden Energie aussendet. Im klassischen Rahmen würde die Frequenz des emittierten Lichts exponentiell zunehmen, sollte sich der Schwarzkörper erwärmen. Das ist ähnlich wie beim Betrachten von Ofenspulen, die von dunkelrot bis zu hellorange leuchten.

Thermische Energie hängt also mit der Energie des emittierten Lichts zusammen. Aber etwas passiert ganz anders, wenn Lichtfrequenzen die ultraviolette Region erreichen. Die klassische Theorie besagt, dass die thermische Energie einen Anteil an die dritte Potenz der Frequenz haben würde: $k_B T \propto v^3$ (höhere Frequenzen würden extreme thermische Energien bedeuten), aber wenn die Frequenz zwischen 10^{15} und 10^{18} Hz (der ultraviolette Bereich) liegt, gibt es kein sichtbares Licht im Verhältnis zur thermischen Energie. Das ist jetzt offensichtlich, aber damals war das revolutionär. Dies wurde die "ultraviolette

Katastrophe" genannt, die ein ernstes Problem der klassischen Physik in der Neuzeit war.

Als Max Planck das Problem löste, entdeckte er, dass die Beziehung zwischen Wärme und Licht keine Machtregel, sondern eine Verteilung ist. Da Gaspartikel in einem Kasten eine Verteilung auf der Grundlage ihrer Thermodynamik haben, teilt emittiertes Licht dieselbe Verteilung! Thermische Energie ist jedoch vor allem mit der Anregung von Gaspartikeln verbunden. Eine thermodynamische Verteilung des Lichts würde bedeuten, dass die Energie des Lichts ein Lichtteilchen enthalten würde, das es anregen würde. Dies würde Planck zu der Hypothese führen, dass Licht (sowie jede andere Form von Strahlung) diskrete Energiepakete oder "Quanten" enthält.

Es war nur eine Theorie bis 1905, als Albert Einstein sein erstes der vier "Wunderjahr"-Papiere über den photoelektrischen Effekt schrieb (basierend auf einem Experiment aus dem Jahr 1900): Damit Licht Metalle ionisieren kann (Elektronen aus einem Blech heraustreten kann), muss ein Lichtteilchen vorhanden sein, um mit den Elektronen im Blech zu interagieren. Da das Elektron mit Energie emittiert wird, gibt es "Kathodenstrahlung", die die gleiche Energie $E = eV$ wie die Energie des Ausgangslichts teilt:

$$eV = h\nu$$

Wobei $h = 6.626 \times 10^{-34}$ J*s Plancks Konstante (eine Konstante zur Quantenmechanik) genannt wird, die Quantenteilchen eine wellenartige Natur zuweist und umgekehrt.

Aufgrund des photoelektrischen Effekts wurde Plancks Theorie der Energiequanten eine wissenschaftliche Wirklichkeit. Dies wäre die Geburt der Quantenmechanik, sowie ein bestimmtes Phänomen: Licht (erstmals als Welle anerkannt) würde ein Teilchen sein müssen, um mit Elektronen zu interagieren, während Elektronen (verstanden als Teilchen) sich wie Strahlung verhalten, nachdem sie aus dem Blech herausgeworfen wurden.

Dieses Phänomen wird als "Wellenteilchendualität" bezeichnet, die nicht nur die Natur der Kathodenstrahlen verfestigte, sondern auch zur Entdeckung der "Photonen" führte. In den 1920er Jahren leisteten zwei Physiker einen weiteren Beitrag zur Wellenteilchen-Dualität von Strahlung/Materie: ein französischer Doktorand namens Louis de Broglie und ein amerikanischer Professor namens Arthur Compton.

Louis Victor Pierre Raymond de Broglie promovierte 1924 über die "Quantentheorie der

Elektronen", was zu der Annahme führte, dass subatomare Materie in Bewegung (wie Elektronen in einem Strom) als kinetische Welle wirken würde. Dieses Hauptergebnis der These wäre eine Gleichung für die Wellenlänge in Bezug auf den Impuls eines Teilchens:

$$\lambda = \frac{h}{p}$$

Daraus ergibt sich eine Gleichung für Quantenimpuls:

$$p = \frac{h}{\lambda} = \hbar k$$

Wobei $\hbar = h/2\pi \approx 10^{-34}$ J*s noch Plancks Konstante ist, aber reduziert ist, und k wird die "Wellenzahl" genannt, die mit der umgekehrten Veränderung der Verschiebung der Welle zusammenhängt.

Ein Jahr zuvor, 1923, bemerkte Arthur Compton, wie Röntgenstrahlen Energie verlieren, wenn sie durch Kristalle strahlen. Wenn man dies als Kollisionsproblem behandelt, müssen Röntgenstrahlen durch Kristalle wie Teilchen wirken, die mit den stationären Elektronen kollidieren. Auch er würde für eine Art Wellenlänge lösen.

Doch statt kinetischer Teilchen betrachtete Compton stationäre "Ruhe"-Teilchen:

$$\lambda_C = \frac{h}{mc}$$

Wobei m die Masse eines ruhenden Teilchens ist. Als de Broglie den Impuls eines bewegenden Teilchens mit der Wellenlänge einer kinetischen Welle verband, verband Compton die "Ruheenergie" ($E = mc^2$ von Einstein) eines Teilchens mit der Wellenlänge einer stehenden Welle und nannte es die "Compton-Wellenlänge". Dies würde uns ermöglichen, jeder Welle eine Masse zuzuweisen, als wäre es ein Teilchen. Genauso wie Sie die de Broglie-Wellenlänge mit Quantenimpuls verbinden können, können Sie die Compton-Wellenlänge mit Quantenenergie verbinden:

$$E = h\nu = \hbar\omega$$

Wobei ω wird die "Winkelfrequenz" genannt, die mit der inversen Änderung der Zeit der Welle zusammenhängt.

Das Wissen um den Impuls und die Energie eines Wellenteilchens ist für ein anderes Kernkonzept der Quantenphysik unerlässlich: die Energieeinsparung.

SCHRÖDINGER-GLEICHUNG

Dreiundneunzig Jahre vor Schrödinger postulierte der irische Mathematiker William Rowan Hamilton eine Form klassischer Mechanik, die nicht nur Newtons Gesetze erfüllte, sondern auch Energie als impulsabhängig betrachtete. 1833 vermutete Hamilton den "Hamiltonian-Formalismus", der davon ausgeht, dass die Gesamtenergie eines einzelnen Teilchens letztlich von seinem Impuls und seiner potenziellen Energie abhängt:

$$E = \frac{p^2}{2m} + V$$

Der erste Begriff ist die kinetische Energie und der zweite Begriff die potenzielle Energie. Beachten Sie, dass die rechte Seite dieser Gleichung selbst als *Hamiltonian* bezeichnet wird, beschriftet als *H*.

Konkurrent von Hamiltons Rahmen der Teilchenenergie war der vom Italiengeborene französische Mathematiker Joseph-Louis Lagrange, der jedoch dachte, die Energie eines sporadischen, angeregten Teilchens muss mathematisch reduziert werden, um seine genaue Physik zu finden. Anstatt kinetische Energie mit Potenzial hinzuzufügen, *subtrahierte* Lagrange die beiden Energien und schränkte das Teilchen ein, um die geringste Wirkung zu haben. Lagranges Formalismus verbindet jedoch Newtons Physik besser als Hamiltons Formalismus.

Aber da sich der Rahmen der Teilchenmechanik von klassisch zu Quanten verlagerte, würde die Anwendung der Wellenteilchen-Dualität bedeuten, dass wir Teilchen als Wellen betrachten würden. 1926 betrachtete der österreichische Physiker Erwin Schrödinger die Entwicklungen der Wellenteilchendualität und betrachtete die *Hamiltonian* und Gesamtenergie als eine Möglichkeit, die Quantenerhaltung von Energie zu beschreiben.

Erwin Schrödinger

In der klassischen Physik basieren die Messungen auf Genauigkeit; wir würden sowohl die Position eines Objekts als auch seine Geschwindigkeit kennen. In der Quantenphysik, in der Teilchen wie Wellen wirken, kann man nicht wirklich sagen, wo genau das Teilchen ist, wenn die Welle unendlich verteilt ist und sich wirklich schnell bewegt. In der Quantenwelt muss die Physik also mit Wahrscheinlichkeit gemessen werden. Dies wird als "Heisenberg-Unbestimmtheitsprinzip" bezeichnet:

$$\Delta x \Delta p = \Delta E \Delta t = \frac{\hbar}{2}$$

Das wurde 1927 vom deutschen Physiker Werner Heisenberg theoretisiert und formuliert. Wenn Sie wissen, wie schnell sich das Teilchen bewegt (oder wie viel Energie es hat) mit 99% Sicherheit, sind Sie 1% sicher zu wissen, wo sich das Teilchen befindet (oder seine Zeitänderung).

Betrachten Sie sehr schnelle gleichmäßige Wellen mit einer anerkannten konstanten Wellenlänge und Frequenz (z. B. Licht). Während wir die Welle vorbeiziehen lassen, können wir nur ihre Geschwindigkeit und kinetische Energie messen (genau wie die LIGO-Detektoren Gravitationswellen gemessen haben). Wenn wir jedoch die Wellenlänge und Frequenz der Welle kennen wollen, ist es erforderlich, dass wir einen Zeitrahmen einfrieren (so ist die Zeit jetzt bekannt) und die Wellenlänge messen. Aber wenn der Rahmen eingefroren ist, wäre es schwer zu sagen, ob die Welle wirklich stationär oder in Bewegung ist. Wie ist es möglich, bei einer großen Unsicherheit in seiner Geschwindigkeit mit einer bekannten Wellenlänge die Frequenz der Welle zu finden?

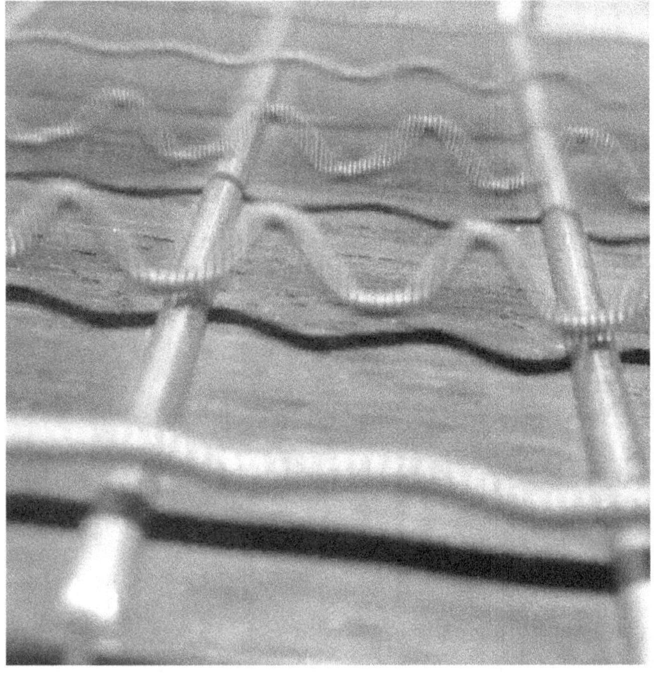

Gitarrensaiten; bestimmte Saiten sind in Wellenformen, die trübe aussehen, als ob sie Unsicherheit haben.

Dies ist die Grundlage von Schrödingers Beitrag zur Quantenphysik, und so betrachtete er den Hamiltonian-Formalismus. Dies ist vielleicht der Grund, warum der Hamiltonian vor allem in der Quantenmechanik bevorzugt wird als Lagranges Formalismus (genannt der Lagrangian). Es ist schlimmer genug, dass wir die eigentliche Physik der Teilchen, die wir nicht sehen können, nicht kennen. Warum seine Energie reduzieren (wie du es mit dem Lagrangian tun würdest), wenn du versuchst, ihre Mechanik basierend auf der Wahrscheinlichkeit zu entschlüsseln?

Betrachtet man den Hamiltonian-Formalismus für Gesamtenergie, so müssen sowohl Impuls als auch Energie Heisenbergs Unbestimmtheitsprinzip implizieren. Angesichts einer Welle mit einer Funktion ψ (wie wir bei Gravitationswellen gesehen haben) müssten Impuls und Energie zu "Operatoren" werden, mathematische Werkzeuge, die eine angewandte Funktion diktieren, wie sie zu funktionieren ist: $p = -i\hbar\nabla$ für die Unbestimmtheit in Standpunkt (i ist der "imaginären Zahl" oder der Quadratwurzel von minus eins) und $E = i\hbar\partial_t$ für die Unsicherheit im Zeitrahmen.

Impuls und Energie durch ihre Operatorform in den Hamiltonian zu ersetzen, würde dies zur "Schrödinger-Gleichung":

$$i\hbar\partial_t\psi = -\frac{\hbar^2}{2m}\nabla^2\psi + V\psi$$

Das ähnelt einer Wellengleichung, die wir damals gesehen haben, als wir Gravitationswellen erwähnten. Die rechte Seite würde auch der *Hamiltonian-Operator* genannt werden, genau wie im klassischen Satz, bezeichnet durch $\hat{H}\psi$.

Der einfachste Fall der Schrödinger-Gleichung ist ein "freies Teilchen:" ein Teilchen, das nicht an eine potenzielle Energie gebunden ist ($V = 0$), deren Wellenfunktion zeitunabhängig ist (wir konzentrieren uns darauf, wie eine Welle über den gesamten Raum verteilt ist). Dadurch wird die Gleichung in

$$E\psi = -\frac{\hbar^2}{2m}\nabla^2\psi$$

Mit der Energie E spezifisch für die Welle und den Hamiltonian des Systems.

Das einzige Problem mit Schrödingers Gleichung ist, dass sie Einsteins Relativitätstheorie nicht berücksichtigt (sie ist nicht-relativistisch). Sollten Gravitationswellen in diese Gleichung angewendet werden, was impliziert, dass es ein Quantenteilchen der Schwerkraft gibt, dann muss die Schrödinger-Gleichung relativistisch sein:

$$mc^2\psi = -\frac{\hbar^2}{m}\left(\nabla^2 - \frac{1}{c^2}\partial_t^2\right)\psi$$

Dies wird die Klein-Gordon-Gleichung (von Oskar Klein und Walter Gordon im Jahr 1926 entworfen) genannt. Diese Gleichung funktioniert sicherlich für elektromagnetische Wellen und Photonen: Quantenteilchen des Lichts. Diese Gleichung kann jedoch *nicht* für Gravitationswellen und diese *Gravitonen* funktionieren.

Es gibt einen entscheidenden Diktator in der Quantenphysik, der für jedes erdenkliche Teilchen einzigartig ist, der sogar ein bestimmtes Teilchen zurückhält, das in bestimmten Gleichungen verwendet werden soll (wie Gravitons und die Klein-Gordon-Gleichung). Dies wird *Quantenspin* genannt. Eine Analogie zum Betrachten von Spin ist ein rotierender Planet in einer Umlaufbahn.

GESAMTE DREHIMPULS

Betrachten Sie die Erde, die um die Sonne kreist. Während sich die Erde im Orbit befindet, dreht sie sich auch um ihre Achse. Die Erdumlaufbahn hat einen "orbitalen" Drehimpuls L, der davon abhängt, wie schnell ihre Umlaufgeschwindigkeit ist und wie weit die Erde von der Sonne entfernt ist. Die Rotation des Planeten hat einen "intrinsischen" Drehimpuls S, der nur von seinem in seinem Kern induzierten Magnetfeld abhängt (was sich für andere Planeten unterscheidet). So hätte die Erde einen gesamten Drehimpuls, $J = L + S$, der nur für astronomische Massen zunehmen würde.

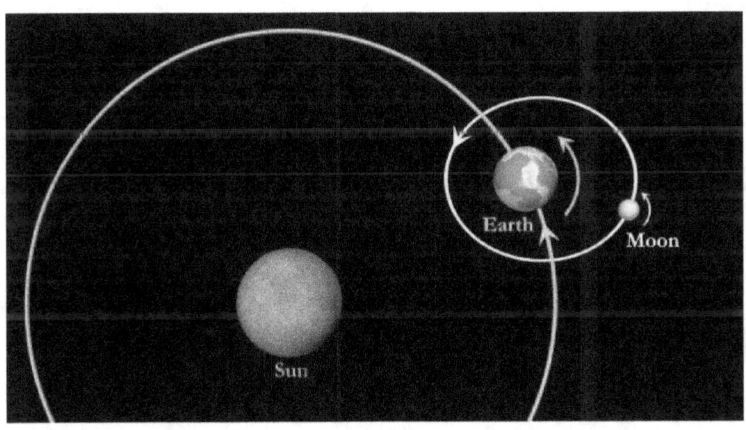

Die Rotation und Umlaufbahn der Erde.

Bei Quantenteilchen ist die Situation dieselbe, aber mit einer kleinen Revision hinzugefügt: der gesamte Drehimpuls würde entweder zunehmen (wenn L und S in dieselbe Richtung zeigen) oder abnehmen (wenn L und S in die entgegengesetzte Richtung zeigen). Aber statt einer Umlaufbahn sollten wir uns einen Brunnen ansehen. Wie ein Wasserbrunnen, der von endlosen Schichten aus Ziegeln und Mörtel verputzt wird, wird ein "Potentialbrunnen" von zahlreichen Energiezuständen überlagert: Energieerregung eines Teilchens in diesem Brunnen. Je höher der Zustand, desto energetisch das Teilchen. Je größer der Energiezustand wird, desto wahrscheinlicher wird es, dass ein Teilchen mit translationaler Energie wackelt (sich von Seite zu Seite bewegt).

Wenn wir Elektronen im Atom betrachten, hängen ihre Energiezustände von ihrer Orbitalbewegung um den Kern ab. Wenn sich ein Teilchen in einem potenziellen Brunnen befindet, sind ihre Energiezustände mit verschiedenen Orbitalen um den Knoten des Brunnens verbunden. Aus einer Nebenansicht würde das Teilchen in einem höheren Energiezustand translational wackeln. Aus der Vogelperspektive ist diese Translationsbewegung

Orbitalbewegung. Dies bedeutet, dass Teilchen in jedem Energiezustand einen orbitalen Drehimpuls haben:

$$L_z\psi = m_l\hbar\psi \qquad\qquad |L|\psi = \hbar\sqrt{l(l+1)}\psi$$

Wobei l die azimutale Zahl ist (immer eine ganze Zahl einen Wert kleiner als der Energiezustand; im Bodenzustand ist die azimutale Zahl Null) und m_l die "magnetische azimutale Zahl" ist (eine Zahl mit einem Wert zwischen $-l$ und $+l$). Schon jetzt können wir sagen, dass Quantendrehimpuls von positiv zu negativ wechseln kann, und diese Abwechslung ist (wie der Rest der Quantenmechanik) probabilistisch.

Da die Rotation eines Planeten unabhängig von seiner Umlaufbahn ist, so sind auch die intrinsischen Eigenschaften eines Quantenteilchens. Diese Eigenschaft heißt *Spin:*

$$S_z\psi = m_s\hbar\psi \qquad\qquad |S|\psi = \hbar\sqrt{s(s+1)}\psi$$

Wobei s die Spin-Nummer ist und m_s die "magnetische Spin-Zahl" ist: ein Wert zwischen $-s$ („Spin-ab") und $+s$ („Spin-auf"). Im Gegensatz zur azimutalen Zahl l kann die

Spin-Zahl entweder eine ganze oder eine halbe Zahl sein, die auch die Klasse des Quantenteilchens bestimmt.

Quantenteilchen mit halbganzzahligen Spin-Nummern werden *Fermionen* genannt (benannt nach dem italienischen Physiker Enrico Fermi), die einer einzigartigen Verteilung namens "Fermi-Dirac-Verteilung" und einer Reihe restriktiver Regeln wie dem Pauli-Ausschlussprinzip (man kann nicht mehr als zwei Fermionen im gleichen Energiezustand haben) folgen. Beispiele für Fermionen sind die Elektronen, Protonen und Neutronen, die alle die Spin-Zahl von $s = 1/2$ haben.

Quantenteilchen mit ganzen ganzzahligen Spin-Nummern werden *Bosonen* genannt (benannt nach dem indischen Physiker Satyendra Bose), dessen Quantenmechanik entspannter ist. Unter ihrer eigenen einzigartigen Verteilung namens "Bose-Einstein-Verteilung" sind Bosonen frei, jeden Energiestaat zu besetzen, so zahlreich wie sie können. Beispiele für Bosonen sind die Photonen (die eine Spin-Zahl von $s = 1$ hat) und die Gravitonen (die eine Spin-Zahl von $s = 2$ hat). Aus diesem Grund kann die Klein-Gordon-Gleichung für Gravitonen nicht funktionieren, da die Klein-Gordon-Gleichung nur Spin-1-Teilchen, insbesondere Photonen, befriedigt. Da Gravitonen Spin-2-Teilchen sind, erfordert ihre Quantenmechanik einen komplizierten "Spin abhängigen" Ansatz.

Für alle Quantenfeldtheorien gibt es ein "Feldboson" und ein entsprechendes "Grundfermion". Für den Elektromagnetismus ist das Photon (Lichtteilchen) das Feldboson, wobei das Elektron das Grundfermion ist. Für die starke kerntechnische Wechselwirkung werden Protonen und Neutronen durch diese Fermionen zusammengehalten: die Auf- und Ab-Quarks; das Feldboson ist das Gluon (der Kleber zwischen den Quarks).

Und für die schwache nukleare Wechselwirkung sprudeln die Kerne aus und teilen sich zwischen kleineren Kernen und "Neutrinos"; die schwache Wechselwirkung hat zwei Feldbosonen: das W (schwache) Boson zur Vermittlung von Neutrinos; und das Z-Boson (Nullladung), um den Impuls, das Spin und die Energie des Spaltprozesses zu erhalten. In Ermangelung der Schwerkraft bildet dieser Zoo von Bosonen und Fermionen das Standardmodell, eine Theorie der Vereinigung von Elektromagnetismus und kerntechnischen Kräften zu einer koexistierenden Wechselwirkung.

Für Quantenteilchen mit orbitalem Drehimpuls *und* Spin gibt es einen gesamten Drehimpuls:

$$J_z\psi = m_j\hbar\psi \qquad\qquad |J|\psi = \hbar\sqrt{j(j+1)}\psi$$

Wobei $j = l + s$ die (gekoppelte) Gesamtzahl des Drehimpuls ist und m_j die "magnetisch gekoppelte Zahl" ist: ein Wert zwischen $-j$ und $+j$.

Während wir uns der Diskussion über das Graviton und die Schwerkraft als Quantentheorie nähern, ist es wichtig, Spin (besonders für Gravitonen mit Spin-2-Eigenschaften) sowie den gekoppelten Drehimpuls (besonders bei der Diskussion der Stringtheorie und der Schleifenquantengravitation) anzuerkennen. Die vorhergehenden Quantenkapitel zur Wellenteilchendualität und zur Schrödinger-Gleichung werden mit den vergangenen Kapiteln zur klassischen Schwerkraft verknüpft, um das Geheimnis einer Quantenfeldtheorie für die Schwerkraft zu entschlüsseln.

HAWKING-STRAHLUNG

Hawking-Strahlung ist eine Anwendung auf Quantenmechanik in der Astrophysik, insbesondere mit Blick auf Schwarze Löcher. Die Theorie wurde 1974 von Stephen Hawking entworfen; neunundfünfzig Jahre nach der allgemeinen Relativitätstheorie und der Hypothese von Schwarzen Löchern und siebenundvierzig Jahre nach der Geburt der Quantenmechanik. Als das Zeitalter der klassischen Physik zu Ende ging, waren Quantenphysiker verzweifelt, die klassischen Feldtheorien des Elektromagnetismus und der Schwerkraft in *Quantenfeldtheorien* neu zu definieren.

In der klassischen Feldtheorie wird ein Zusammenspiel von Elektrizität oder Gravitation durch ein Feld induziert, entweder das elektrische Feld oder das Gravitationsfeld. Für die Elektrodynamik wird das elektrische Feld so verändert, dass Licht emittiert wird. In der Quantenfeldtheorie wird eine Wechselwirkung der Elektrodynamik durch ein *Elektron* induziert, das mit einem *Positron* kollidiert, um ein *Photon* zu erzeugen. In diesem Fall kollidieren das Elektron und das Positron (eine Partikel-Antipartikel-Paarung) und "vernichten" zu einem

Lichtteilchen. Hier werden die Energie, Ladung und Quantenspin der Wechselwirkung konserviert.

Diese Teilchen-Antiteilchen-Paarungen sind im Quantensinn des Raumes von entscheidender Bedeutung: Der Raum ist nicht wirklich leer und besteht aus nichts, wie wir es uns vorstellen können. Der Raum nervt tatsächlich mit Quantenanregungen, die den Raum durch diese Vernichtungen "stabilisieren". Dies wird als "Casimir-Effekt" bezeichnet, der tatsächlich die Oberfläche auf einer der Quantenfeldtheorien der Schwerkraft überspringt. Da Partikel-Antipartikel-Paarungen den Raum stabilisieren, wird dies bei der Betrachtung eines Schwarzen Lochs komplett auf den Kopf gestellt.

Erinnern Sie sich daran, dass Schwarze Löcher Quellen extremer Raumzeitkrümmungen sind, bei denen die Zeit eingefroren ist und der Raum in eine Singularität gepresst wird. In einem schwarzen Loch ist der Raum nicht mehr "Raum". Das bedeutet, dass Partikel-Antipartikel-Paarungen im Quantensinn nicht stabilisieren können, was sich in einem Schwarzen Loch befindet. Aber laut Hawking kann sich ein schwarzes Loch nur durch eine Form der Quantenstrahlung stabilisieren. In der modernen Quantenphysik tragen Teilchen zur alltäglichen Materie bei (Elektronen, Photonen, sogar die bald erwähnten

Gravitonen); Antipartikel tragen zu Antimaterie bei, die eine unglaublich kurze Lebensdauer bei der Exposition gegenüber "normaler" Materie hat.

Bei der Stabilisierung des Schwarzen Lochs wird eine Partikel-Antipartikel-Paarung am Ereignishorizont "zerrissen", wo die normalen Materieteilchen von einem Schwarzen Loch nach außen emittiert werden, so dass das Antiteilchen darin belassen wird. Dieser Ausstoß von normalen Partikeln und das Kumulieren von Antipartikeln in einem Schwarzen Loch tragen beide dazu bei, dass das Schwarze Loch seine Masse verliert. Quantenstrahlung werden emittiert, wodurch ein Bruchteil der Gesamtmasse des Schwarzen Lochs wegrasiert wird.

Stephen Hawking

Theoretisch gesehen, da immer mehr Partikel-
Antipartikel-Paarungen, die in einem Schwarzen Loch
gespeichert sind, auseinandergespalten werden, kann dieses
Schwarze Loch in ein "Quantenschwarzloch" verdampfen,
in dem alle Antiteilchen mit immenser Energie in einem
solchen geschlossenen Volumen weckeln. Dieses Szenario
ähnelt der Thermodynamik, bei der die Energie der Partikel
in einem Raum von Druck, Volumen und Temperatur des
Einschließens abhängt. Mit anderen Worten, diese

Sammlung von Partikel-Antipartikel-Splittings trägt auch zur Schwarzloch-Thermodynamik bei.

Diese Strahlung von normalen Teilchen aus einer geteilten Paarung wird *Hawking-Strahlung* genannt, die auch als thermische Strahlung eines Schwarzen Lochs betrachtet werden kann. Hawking betrachtet, die Entropie eines Schwarzen Lochs ist mit dem Verhältnis zwischen seiner Oberfläche und dem Quadrat des kleinsten Radius verbunden, den es jemals erreichen kann:

$$S = k_B \frac{A}{(2l_P)^2}$$

Wo $k_B = 1.38 \times 10^{-23}$ J/K die Boltzmann-Konstante (eine Konstante der Thermodynamik) ist, $A = 4\pi r_S^2$ die Oberfläche eines schwarzen Lochs ist und $l_P \approx 10^{-35}$ m die "Planck-Länge" ist: die kleinste Länge, die möglicherweise erreicht werden kann. Daher ist der Radius $2l_P$ der Schwarzschild-Radius eines Quantenschwarzlochs, wessen Masse die "Planck-Masse" des Wertes $m_P =$ 2.18×10^{-8} kg (ungefähr die Masse des Eies eines Flohs) ist. Laut Hawking muss diese Masse die kleinste Masse sein, um die Raumzeit zu kurven. Das wäre sinnvoll, seit Elektronen und Photonen in der Masse vernachlässigbar sind, um sogar ihre eigenen Gravitationsfelder zu haben. Eine Quadratur der Planck-Länge würde zu einer einzigartigen Kombination von Konstanten führen:

$$l_P^2 = \frac{G\hbar}{c^3}$$

Da G mit der Schwerkraft verwandt ist, c mit Einsteins Relativitätstheorie und $\hbar$ mit der Quantenmechanik, ist Hawking-Strahlung und Schwarzlochentropie eine relativistische Quantengravitationsinteraktion, ebenso wie sie im Wesentlichen thermodynamisch ist.

Durch die Schwarzlochentropie kann man die tatsächliche Temperatur eines Schwarzen Lochs bestimmen, das mit der Lagerung von Antipartikeln und seinem energetischen Wackeln im Inneren zusammenhängt:

$$T = \frac{\hbar c^3}{8\pi G M k_B}$$

Je größer das schwarze Loch, desto kälter ist es; je kleiner, desto heißer. Wenn die Schwarzlochtemperatur auf Hawkings Doktorarbeit angewendet wird, könnten wir sogar die Temperatur des Urknalls bestimmen. Wenn die Masse des Universums am Anfang die Planck-Masse sein lässt, würde sich die Temperatur als die "Planck-Temperatur": $T_P \approx 10^{32}$ K. herausstellen.

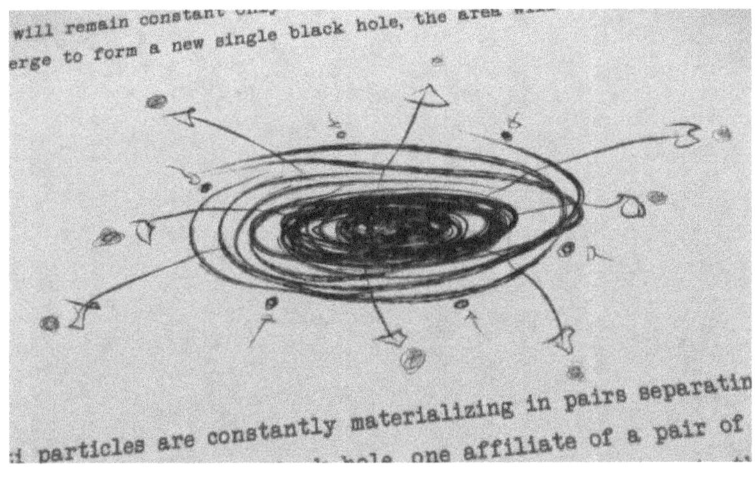

Hawking-Strahlung im Originalpapier dargestellt.

Im allgemeinen Sinne gibt uns Hawking-Strahlung einen Einblick, was sich in einem schwarzen Loch befindet, abgesehen von einer Singularität und einem Punkt ohne physische Rückkehr. Schwarze Löcher sind gar nicht schwarz, sondern sie "glühen" mit Wärmestrahlung; und sind nicht leer, wie wir es erwarten würden. Vielleicht sagt uns die Verdunstung von Schwarzen Löchern sogar, aus welchem Raum im Grundkern besteht. Dies kann uns sagen, was die Quanten der Raumzeit sind, sowie die Quanten der Schwerkraft.

DIE QUANTENTHEORIE
DER SCHWERKRAFT

NUMEROLOGIE THEORIE

Die Numerologie-Theorie ist die Theorie, in der die Skalar-Werte der Konstanten in der Physik die Vergrößerungsskala eines gegebenen Rahmens definieren – und aus der die Ableitungen grundlegenderer Konstanten der Physik stammen. Es war Paul Dirac, der Mann hinter der relativistischen Quantentheorie für Elektronen, der die Numerologie-Theorie benutzte, um die "feine Strukturkonstante" abzuleiten:

$$\alpha = \frac{e^2}{4\pi\varepsilon_0\hbar c} \approx \frac{1}{137}$$

Das kombiniert die Konstanten der Elektrostatik (*e* ist elektrische Ladung und ε_0 ist elektrische Permittivität), Quantenmechanik $\hbar$ und Einsteins Relativitätstheorie *c*. Es schadet nicht anzunehmen, die Numerologie-Theorie kann helfen, die Quantentheorie der Schwerkraft zu untersuchen. Ich muss jedoch warnen, die Mathematik kann chaotisch werden.

Angenommen, im Wasserstoffatom haben ein Elektron und ein Proton eine Gravitationsanziehungskraft, da sie eine elektrische Anziehungskraft haben:

$$\frac{1}{4\pi\varepsilon_0}\frac{e^2}{r^2} = G\frac{m_e m_p}{r^2}$$

Das Verhältnis zwischen elektrischer Ladung und Partikelmasse ist eine elektro-gravitative Konstante, die die Gravitationsanziehung mit der elektrischen Anziehung verbindet:

$$\frac{e^2}{m_p m_e} = 4\pi G\varepsilon_0$$

Im Wasserstoffatom ist die elektrische Anziehungskraft zwischen dem Elektron und dem Proton viel stärker als ihre Gravitationsanziehung. Theoretisch kann eine Verschiebung jedoch unendlich weit entfernt die Gravitations- und die Elektrizitätskräfte gleich machen. Die Frage ist: Wie weit ist das entfernt?

Aus der klassischen Theorie wurde das Ladungs-Massen-Verhältnis eines Elektrons 1897 von J.J. Thomson getestet und berechnet, das auf dem elektrischen Führungsfeld und einem driftenden Magnetfeld basiert. Unter der Annahme, dass sich das Elektron auf einem linearen Pfad befindet und das Teilchen kaum driftet, wird das Ladung-Massen-Verhältnis des Elektrons vereinfacht:

$$\frac{e}{m_e} = \frac{8\pi}{l^2 \mu_0 e}$$

Wobei μ_0 die magnetische Durchlässigkeit konstant vom Magnetismus ist und l die Länge des linearen Elektronenpfads ist. Damit die elektrische Anziehung gleich stark wie die Gravitationskraft ist, müssen wir wissen, wie lang die Länge l ist. Die Elektrogravitationskonstante wird sich darauf reduziert:

$$\frac{1}{m_p}\left(\frac{1}{l^2}\right) = \frac{G}{2c^2}$$

Seit $c^2 = 1/\mu_0 \varepsilon_0$.

Paul Dirac hatte sogar die Numerologie-Theorie verwendet, um die Masse des Protons zu bestimmen: $m_p = 4\hbar/cr_p$, wobei $r_p = 0.814 \times 10^{-15}$m der Protonenradius ist. Dies löst den elektronenlinearen Pfad:

$$l^2 = \frac{r_p c^3}{2G\hbar} = \frac{r_p}{2l_P^2}$$

Wo die Planck-Länge l_P wiederauftaucht.

Eine weitere Wichtige, die Länge des elektronenlinearen Pfades unter elektro-gravitativer Anziehung zu kennen, ist, dass die resultierende Zahl uns eine Vorstellung von der theoretischen Ausdehnung des Universums gibt. Das Elektron, das zum Proton gezogen wird, bewegt sich von seiner äußersten Kante in die Mitte des Atoms. Das Gegenteil von gerichteter Bewegung ist die äußere Bewegung; und das Universum dehnt sich von der Lage des Urknalls nach außen aus. Die Länge würde auf $l = 1.28 \times 10^{27}\,\text{m}$ berechnet, die größer als der aktuelle Radius des Universums ($r_U = 8.80 \times 10^{26}\,\text{m}$) ist.

Da die Planck-Länge von der elektro-gravitativen Anziehung in einem Wasserstoffatom abgeleitet ist, ist die Planck-Länge die Grundkonstante der Quantengravitation. Dies ist wesentlich, um Einsteins allgemeine Relativitätstheorie und das Gravitationsfeld als Quantenfeld neu zu interpretieren.

STRING-THEORIE

Die Stringtheorie ist ein Kandidat für eine Quantenfeldtheorie der Gravitation, die Teilchen als vibrierende Saiten betrachtet. Die Theorie wurde in den 1960er Jahren geboren, als Kernphysiker mehr in eine Art von Fermionen erforschten, die "Hadronen" genannt werden: Teilchen aus drei Quarks, die durch die starken nukleare Interaktion. In der Kernphysik sind Protonen und Neutronen "Nukleonen": Hadronen, die aus "Auf-" und "Ab-" Quarks bestehen, die ihre Ladung und ihren Quantenspin bestimmen.

Die starke Kernkraft, die die Quarks in den Kernen befestigt, kann als vibrierende Schnur ähneln, während sie als das "Gluon"-Feldboson betrachtet wird (der Kleber bindet die Quarks im Nukleon). Seit Arthur Compton daher die frühere Verbindung zwischen stehenden Wellenlängen und Teilchenmasse hergestellt hat, kann ein Teilchen als vibrierende Schnur (eine stehende Welle) gedacht werden, deren Schwingungen Masse oder Ruheenergie anzeigen.

Einzigartig erweise können die Schwingungen auf einer Partikelschnur als relativistische Aktion auf dieser Schnur beschrieben werden:

$$S = -T_0 \int dA$$

Wobei $T_0 = mc^2/s$ die Saitenspannung ist, s der Pfad der Schnur und dA die Oberfläche eines "Weltblatts:" einer zylindrischen Oberfläche, die von der "Weltlinie" oder einer Partikelschnur gezeichnet wird.

Um die Aktion von der Länge der Partikelschnur l_s abhängig zu machen, wird ein "Steigungsparameter" α' eingeführt. Steigung, in diesem Fall, ist nicht unbedingt die buchstäbliche Steigung der Schnur in 4D-Raumzeit, sondern die Drehimpulsintensität auf der Schnur (die direkt auf Quantenspin zurückzuführen ist). Dies ändert die Aktion als

$$S = \frac{-1}{2\pi\alpha'\hbar c} \int dA$$

Sodass die Saitenspannung dazu wird:

$$T_0 = \frac{\hbar c}{2\pi l_s^2} = \frac{1}{2\pi\alpha'\hbar c}$$

Wobei $s = 2\pi l_s$ und $E = \hbar c/l_s$.

Das Lösen der Länge einer Partikelschnur l_s hilft, das Teilchen durch seine Masse, Ladung oder Quantenspin zu identifizieren. Je größer die Größe einer physischen Eigenschaft ist, desto länger ist die Schnur. Erwägen Sie mal, das Garn um einen Baseball und eine Bowlingkugel zu wickeln. Ein Baseball, kleiner in der Größe und leichter zu heben, hätte einen kleineren Umfang von Garn im Vergleich zu der Bowlingkugel, viel größer und schwerer.

Von oben ist die Schnurlänge daher

$$l_s = \hbar c \sqrt{\alpha'}$$

Was letztlich vom Steigungsparameter abhängt. Das heißt, wir müssen definieren, was α' ist. Einheitlich ist der Steigungsparameter das inverse Quadrat der Partikelenergie. Um jedoch Spin (im Allgemeinen Drehimpuls) zu integrieren, muss der Steigungsparameter proportional zum Drehimpuls sein:

$$\alpha' = \frac{\lambda^2}{(\hbar c)^2} \sqrt{j(j+1)}$$

Wobei die Quantenzahl j vom gesamten Drehimpuls ist und λ die Längeneigenwert für eine Partikelschnur (nicht immer die Compton-Wellenlänge des Teilchens) ist. Dadurch wird die Länge der Schnur geändert, die

$$l_s = \lambda\sqrt{\sqrt{j(j+1)}}$$

Um die Verwirrung zwischen Wellenlänge und Längeneigenwert zu begrenzen, ändere ich λ zu l.

Aus der Stringtheorie wird also jedes Teilchen als Eine Schnur interpretiert, deren Länge direkt von seinem Quantenspin beeinflusst wird. Größere Spins führen zu größeren Längen. Dies führt einen neuen Quantenoperator ein: einen Längenoperator,

$$\hat{L}\psi = l\sqrt{\sqrt{j(j+1)}}\psi$$

Das macht gut für die Teilchenphysik, aber wie funktioniert die Stringtheorie bisher mit der Quantisierung der Schwerkraft? Seit Teilchen als Schwingungen entlang einer Schnur dargestellt werden, und damit auch ein Weltblatt, kann dieses Weltblatt in ein "Teilchenfeld" oder ein Raumzeitgewebe entwirrt werden, dessen geometrische Wellen die physikalische Einheit eines Teilchens sind. Wie Meereswellen werden diese Wellen durch ihre Energie-

und Schwingungsfrequenz beschrieben, auf die sich die Stringtheorie konzentriert.

Jedes Teilchen hat sein eigenes Feld, und das "Stapeln" verschiedener, reißender Felder übereinander umreißt eine Wechselwirkung zwischen diesen Teilchen auf der Raumzeit. Vorausgesetzt, die Wechselwirkungen verschiedener Teilchen in einer bestimmten Region, würde dieser gestapelte Splitter von Teilchenfeldern ganz wie eine vibrierende Membran aussehen, die die vier Dimensionen der Raumzeit umfasst. Sollte eine zusätzliche Metrik im Gleichgewicht der Partikelfelder ruhen, würde jeder Buckel, der aus dem Zusatzfeld auftaucht, wie aufkommende Weltblätter (reduziert zu linearen Strings) aussehen, deren Enden mit dem statischen Feld verbunden sind. Solche Schnüre werden als "offene Schnüre" bezeichnet, deren offene Enden am Zusatzfeld befestigt sind, die einen Satz 4D-Raumzeit "zusammenhalten".

Angenommen, es gibt eine zweite Raumzeitmembran, oder "Bran", oben auf dem ersten Referenz-Bran, können bestimmte Teilchenfelder genug Energie haben, um in die höhere Bran zu sickern, und die beiden Sätze der 4D-Raumzeit über Partikel "Austritt" verbinden. Solche Teilchen, die von einem Bran zu einem anderen austreten können, werden als "geschlossene

Schnüre" bezeichnet, deren offene Enden aneinandergeklammert sind, ungebunden an einen beliebigen Satz 4D-Raumzeit. Partikel-Austritt ist ziemlich analog zum Übergang in Quantenzuständen, wo ein Teilchen sich frei zwischen Energiezuständen bewegen kann.

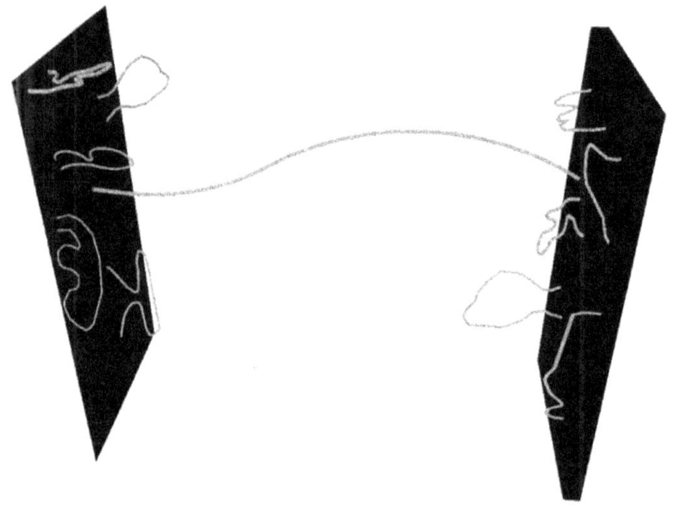

Zwei Kleie, die durch eine geschlossene Saite verbunden sind (offene Saite, die an einem Bran und einem anderen verriegelt ist).

Wie ein Großteil der Quantenmechanik ist der Austritt ein spontanes, stochastisches Ereignis, das ohne Vorwarnung passieren kann. Wir können uns jedoch auf unsere Bran konzentrieren, und auf das, was dort geschieht.

Dieses kontinuierliche "Zischen" von Quantenfeldern, die aus der statischen Metrik hervorgehen, ist für die "Stabilisierung" der Raumzeit in der Planck-Skala unerlässlich. Dies ist der Casimir-Effekt, der erwähnt wurde, als wir Hawking-Strahlung diskutierten. Diese Quantenbeschreibung der Raumzeit aus der Stringtheorie führt in die Schleifenquantengravitation.

SCHLEIFENQUANTENGRAVITATION

Die Schleifenquantengravitation (LQG, aus dem englischen *Loop Quantum Gravity*) ist die zweite Kandidatentheorie zur Gravitationsquantenfeldtheorie. Anstatt die Schwerkraft als Wechselwirkung zu betrachten, betrachtet LQG die Schwerkraft als das Fundament der quantisierten Raumzeit. Das heißt, es gibt keinen Bran-Übergang, sondern wie der Bodenzustand, "Heimat-Bran", im Vakuum der Raumzeit ähnelt. Obwohl die Theorie in den 1980er Jahren reifte, begann die Theorie der Quantengravitation wirklich 1966, an dem Raleigh International Airport.

Die Physiker John Archibald Wheeler und Bryce DeWitt waren enge Mitarbeiter für eine Quantentheorie der Schwerkraft. DeWitt lebte in North Carolina, und Wheeler reiste immer, um seine Mitarbeiter zu sehen, wann immer er konnte. Es war am Flughafen Raleigh, wo Wheeler auf einem Anschlussflug wartete, wo DeWitt ihm eine mathematische Gleichung vorstellte.

Wheeler und DeWitts Hauptanliegen war es, Einsteins allgemeine Relativitätstheorie in eine Quantengleichung auszudrücken. Albert selbst wollte dies tun, aber leider verstarb er 1955, als er an der Vereinigung der Quantenmechanik mit der allgemeinen Relativitätstheorie arbeitete. Aber selbst dann war es ein Durcheinander. Die Quantenmechanik wirft ein Tuch der Ungewissheit auf ein Testobjekt, basierend auf Standort und Dynamik, die beide in der allgemeinen Relativitätstheorie benötigt werden. Aber DeWitt näherte sich ihm aus einer anderen Weise. Anstatt die Quantenunschärfe der Position eines Quellobjekts und seinen Impuls auf die Raumzeit zu betrachten, was wäre, wenn wir uns die Quantenunschärfe der Raumzeit an sich ansehen würden? Das einzigartige Gewebe der Raumzeit wurde zu einer *Schichttorte* aus so manche Submetrik. Jede Submetrik ist eine Scheibe kleinerer Raum, der jeweils eine Wahrscheinlichkeit von Quantenkrümmungen hat. Dies wird als "ADM Formalismus" bezeichnet, benannt nach den Physikern Richard Arnowitt, Stanley Deser und Charles Misner.

Um jedoch zu erklären, dass das Quantengefüge der Raumzeit so flach wie standardmäßig im astronomischen Maßstab ist, müssen die Hamiltonians jeder Raumzeitscheibe, die jeweils einer geometrischen Krümmung im Planck-Maßstab ähneln, zu Null addieren:

$$\sum_{n=0}^{\infty} \widehat{H}_n \psi_n = \frac{G\hbar}{c^3} g^{\mu\nu} \partial_\mu \partial_\nu \Psi = 0$$

Wobei ψ_n eine individuelle Krümmungsfunktion auf jedem Raumzeitsegment ist, Ψ die "Spektrum-Funktion" ist: eine Überlagerung dieser einzelnen Funktionen in eine Funktion der Netto-Raumzeitkrümmung; und $G\hbar/c^3$ das Quadrat der Planck-Länge ist.

Dies ist die Wheeler-DeWitt-Gleichung: die mathematische Gleichung, die Bryce DeWitt dem John Wheeler am Flughafen Raleigh zeigte, die ursprünglich Einstein-Schrödinger-Gleichung genannt wurde.

Bis in die 1980er Jahre war die Wheeler-DeWitt-Gleichung unlösbar. In der Zwischenzeit wurde die Stringtheorie als Theorie für das Standardmodell formalisiert. Als es möglich wurde, entwirrte Weltblätter als vibrierende Felder zu betrachten, begann die Schleifenquantengravitation in Erscheinung zu treten. In diesem ADM Formalismus hat eine Submetrik, die Teil des Hauptgewebes der Raumzeit ist, dieselbe Quantenunschärfe wie ein Teilchenfeld. Wenn Sie Partikelfelder in der Stringtheorie stapeln, haben Sie ein vibrierendes Bran, die die Quantenraumzeit umreißt. Um die Wheeler-DeWitt-Gleichung zu lösen, muss die flache Quantenraumzeit analog zu einem vibrierenden Bran sein: ein Gewebe, das mit Quantenunbestimmtheit "schäumt".

Daher ist jeder der Hamiltonians in der Wheeler-DeWitt-Gleichung für eine vibrierende Schnur, die in diesem Fall einem Stück Raumzeit ähnelt, das in die Quantenraumzeit geschnürt ist. Daher hat jeder geschnürte Brocken den Längenoperator

$$\hat{L}\psi = l_P\sqrt{\sqrt{j(j+1)}}\,\psi$$

Wobei der Längeneigenwert hier die Planck-Länge ist.

Im Gegensatz zur Stringtheorie, bei der der Längeneigenwert die Wellenlänge einer vibrierenden Partikelschnur darstellt, stellt der Längeneigenwert hier eine Einheitslänge dar, die einen Quantenbrocken von einem anderen trennt. Betrachtet man Albert Einsteins gitterartiges Raumzeitkontinuum aus der allgemeinen Relativitätstheorie, so ist eine Planck-Länge eine Länge eines Rasterpunktes zum anderen. Das bedeutet, dass die Planck-Länge eine Seitenlänge eines Quadrats im Quantengitter ist. Jedes dieser Gitterquadrate sind eigentlich Raumbrocken, verflochten und zu einem "Spin-Netzwerk" befestigt. Der Umfang um jedes Rasterquadrat ist die Schleife hinter LQG.

Wie Weltblätter in der Stringtheorie haben diese Spin-Netzwerke eine Oberfläche. Hierbei erfolgt die Oberfläche eines Spin-Netzwerks durch Kopplung von zwei Längenoperatoren in einen Flächenoperator (ähnlich wie die Skalierungstheorie der Fläche als $A = L^2$):

$$\hat{A}\psi = (\hat{L} \cdot \hat{L})\psi = 8\pi l_P^2 \sqrt{j(j+1)}\,\psi$$

Wobei 8π eine Zahl ist, die zufällig aus Einsteins Feldgleichungen für die allgemeine Relativitätstheorie stammt. Seine halbe Ganzzahl 4π ist ein führender Koeffizient für die Fläche einer Kugel. Dadurch erhalten diese quadratischen Raumblöcke eine kugelförmige Fläche in dieser Annahme. Da jeder Brocken Raum ist, können sie nicht aus dem Gitter gezupft oder entflöchtet werden.

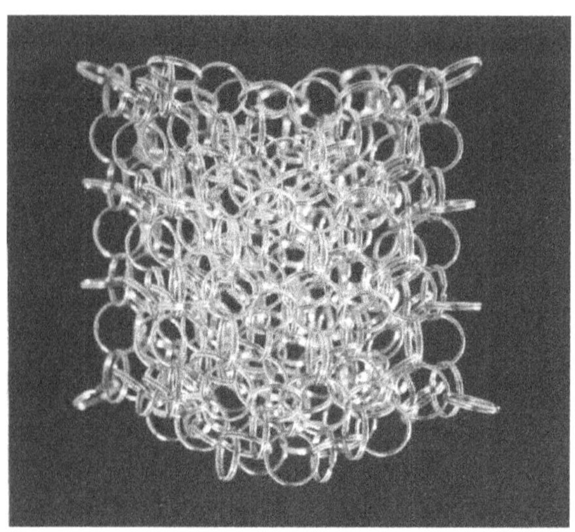

Ein 3D-Modell eines Spin-Schaums in LQG. Mit freundlicher Genehmigung von Carlo Rovelli.

Im Kontext der Schleifenquantengravitation ist Einsteins Raumzeitgewebe eine prickelnde, schäumende Oberfläche. Jede Beule und Hügel kommen und gehen, an verschiedenen und zufälligen Positionen auf der Raumzeit. Da jede "Schaumblase" erscheint und verschwindet, ähnelt dies dem Casimir-Effekt, wie Partikel-Antipartikel-Paarungen erscheinen und kollidieren, um die Quantenstabilität der Raumzeit zu erhalten.

Zu dieser Erweiterung bewahrt die Schleifenquantengravitation die Gültigkeit der Hawking-Strahlung. Direkte Experimente sind jedoch alles andere als greifbar. Um zu testen, dass Quantenraumzeit tatsächlich eine schäumende Oberfläche ist, wurden Gammastrahlenausbrüche getestet, um zu sehen, dass die Ankunftszeit aufgrund einer Art Reibung wegen der Spin-Netzwerken erhöht wird. Die Genauigkeit der Ankunftszeit ist jedoch punktgenau bei der Berechnung.

Nun lautet die neue Frage: *Wie können Stringtheorie und LQG weiter kompatibel sein?* Es ist jetzt an der Zeit, das Graviton zu betrachten: das Quantenteilchen der Schwerkraft.

QUANTENTEILCHEN
DER SCHWERKRAFT

WAS SIND GRAVITONEN?

Das Jahr war 1934; zwei sowjetische Physiker namens Dmitrii Blokhintsev und F.M. Gal'perin schrieben einen Bericht über Neutrinos, die nur eine Theorie von 1930 waren. Wenn ein Neutron zu einem Proton und einem Elektron zerfällt, muss ein zusätzliches Teilchen emittiert werden, um den Impuls, die Energie und den Quantenspin des Prozesses zu erhalten. Dieses Teilchen wäre ladungslos, nahezu masselos und ununterscheidbar, aber dennoch wesentlich für die physikalischen Erhaltungsgesetze des Beta-Zerfalls. Das waren die Neutrinos, die Fermionen der schwachen Wechselwirkung.

Die sowjetischen Wissenschaftler würden diesen Gedanken jedoch erweitern, indem sie sich auf die anderen grundlegenden Wechselwirkungen (insbesondere die Schwerkraft) anwenden. Aus einer Gravitationsinteraktion zwischen zwei Himmelskörpern muss ein grundlegendes „neutrino-artiges" (d.h. winziges, masseloses, ladungsloses und ununterscheidbares) *Quantenteilchen der Schwerkraft* existieren, das die Gravitationskraft nutzen würde. Es war dann, als Blokhintsev und Gal'perin das Graviton theoretisierten.

Die Theorie hinter einem Teilchen (oder einer energetischen Entität) der Schwerkraft war keine Theorie, die aus der Quantenfeldtheorie geboren wurde. In den 1950er Jahren nahm die Hauptrichtlinie der modernen Physik und allgemeinen Relativitätstheorie einen ziemlich stark bewaldeten Weg ohne Machete in der Hand, um den Weg zu ebnen. Einsteins Gravitationstheorie besagt, dass jedes Objekt mit Ruheenergie die benachbarte Raumzeit verziehen kann. Das nimmt also an, dass auch ein Objekt, das rein aus Strahlung besteht, die Raumzeit kurven kann.

Natürlich ist der Kontext hier ein klassisches Objekt, das durch lokalisierte Strahlung konstruiert wurde, aber die Skala ist eher mehrdeutig. Diese klassischen Energieerden wurden "gravitative Geons" genannt, die als klassisches Gravitationsteilchen (unabhängig von allen Arten von Quantenseltsamkeit). Mit einem Paradigmenwechsel von der modernen Physik zur Quantenphysik hatte die Frage nach dem klassischen Geon schließlich ihre Machete und machte sich auf den Weg zum Quantengraviton.

In den sehr frühen Entwicklungen der Stringtheorie, als die Gluonen zwischen den Quarks einer vibrierenden Energiekette ähnelten, stießen Physiker auf extra vibrierende Knoten entlang der Gluonschnur. Diese zusätzlichen Schwingungsknoten waren ein sekundäres Teilchen, das entlang der Gluonschnur hin und her übertrug: ein massenloses Spin-2-Boson, das sich wie Photonen verhielt, aber einer Gravitationsinteraktion ähnelt. Diese Bosonen waren die Gravitonen!

Aus diesem Gedankengang geht jedoch das Mainstream-Denken der String-Theoretiker und Standardmodell-Teilchenphysiker hervor, dass die Gravitonen aus den Quarks und astronomischen Massen selbst stammen. Dies ähnelt Newtons Überlegung, dass die klassische Schwerkraft aus den massiven Objekten stammt. Da es bei der Quantengravitation darum geht, Einsteins allgemeine Relativitätstheorie zu quantifizieren, wäre es angemessener anzunehmen, dass Gravitonen irgendwie aus der Raumzeit selbst stammen, die angeregt und aus der Krümmungsquelle des massiven Objekts emittiert werden kann.

Damit es eine erfolgreiche Quantenfeldtheorie für die Schwerkraft gibt, muss das Graviton das Feldboson des Gravitationsfeldes sein. Sollte das klassische Gravitationsfeld in Gravitonen quantifiziert werden, muss man davon ausdenken, dass Himmelskörper diesen Austritt von Gravitonen ebenso induzieren wie klassische Felder.

Gravitons müssen sich auch in einer Wellen-Teilchen-Dualität mit Gravitationswellen bewegen. Angesichts der Tatsache, dass eine Gravitationswellenlänge 10^{16} m ist, so lässt dies die Compton-Wellenlänge des Gravitons sein. Dazu können Gravitonen eine Masse größer oder gleich 10^{-58} kg haben, was die Annahme erfüllt, massenlos zu sein. Daher reisen sie mit Lichtgeschwindigkeit wie Photonen. Aufgrund dieser Ähnlichkeit haben Graviton den Spitznamen "das blaue Photon", blau vielleicht wegen der schwarzen Leere des Weltraums.

Die allgemeine Relativitätstheorie beschreibt die Flexibilität der Raumzeit, insbesondere durch Trägheitskrümmung oder Gravitationswellenausbreitung. Aus diesem Grund können Gravitonen auch in einer Eigenschaft namens Polarisation "flexibel" werden. Im Gegensatz zur Polarisation von Ladungen (wo ein netzneutrales Objekt eine positive und eine negative Hälfte haben kann) oder der Polarisation des Lichts (wo weißes Licht, das in einen Kristall eintritt, nach innen bricht und als Regenbogenspektrum austritt), beinhaltet die Polarisation von Gravitonen die Flexibilität der Raumzeit aufgrund von Gravitationswellen (d. h. die Parameter von Raum und Zeit wechseln sich ab und oszillieren wie ein

Würfel aus Gelatine). Es gibt zwei Arten von formbarer Polarisation: "+" (Raum und Zeit dehnen sich umgekehrt zwischen einem vertikalen ovalen und einem horizontalen Oval) und "×" (die ovale Raumdehnung ist schräg).

Da die allgemeine Relativitätstheorie die Schwerkraft als das Verziehen der Raumzeit aufgrund von Masse und Energie diskutiert, müssen Gravitonen eine gewisse Anziehungskraft auf Masse und Energie zeigen. Sie haben vielleicht keine Ladung oder Masse, um sich gegenseitig von irgendetwas angezogen zu werden, werden sie dennoch von Energie angezogen. Dies würde bedeuten, dass Gravitonen sowohl zu Photonen als auch zu anderen Gravitonen (und vor allem zu astronomischen Massen und frei fallenden Objekten) angezogen werden, um die Gravitation zu simulieren.

Da Gravitonen eine Anziehungskraft auf Energie haben, kann man davon ausdenken, dass sie sich "selbst gravitieren". Das würde bedeuten, dass sie selbst kleinere Gravitonen ausstoßen. Diese kleineren Kopien werden "Tochter" oder "virtuelle" Gravitons genannt, das Quellgraviton das "Mutter" Teilchen synchronisiert. Diese Eigenschaft des Gravitons wird vernachlässigt, wenn man sich die Quantenmechanik von nur einem Graviton in der Raumzeit ansieht. Wenn Sie jedoch quantenstreuend zwischen Photonen und Gravitons (auch Graviton-Graviton-Streuung) zeigen wollen, muss diese komplexe Eigenschaft berücksichtigt werden.

Für die anderen fundamentalen Kräfte gibt es ein Feldboson mit einem Grundfermion. Elektromagnetismus hat Photonen und Elektronen, die starke nukleare Wechselwirkung hat Gluonen und Quarks, und die schwache nukleare Wechselwirkung hat die W & Z Bosonen und Neutrinos. Während das Graviton das Feldboson für die Schwerkraft ist, gibt es ein "Gravitino", ein Spin-3/2-Fermion. Im Gegensatz zu den anderen Boson-Fermion-Paarungen (wo die Teilchen den gleichen Raum teilen können), werden Gravitons und Gravitinos jedoch nie zusammen gesehen. Dies basiert auf einer Subtheorie in der Stringtheorie namens "Supersymmetrie", die die Stärke der Schwerkraft in höheren Sätzen betrachtet. Vielleicht können Gravitinos zu Antimaterie oder dunkler Materie beitragen, da sie sich nicht im selben Beobachtungsraum wie Gravitonen befinden.

Und am Wichtigsten ist, dass Gravitonen eine stabile Lebensdauer haben und nie zerfallen. Der Urknall würde als die erste Gravitationswelle des Universums betrachtet werden, die eine seismische Welle über die Raumzeit in die tiefsten Ecken dessen aussendet, was jenseits unserer Beobachtung liegt. Nichts wirft einen Schatten vor die Schwerkraft, so wie sie einen Schatten vor einer Lichtquelle werfen kann. Sie leben in einem Haus, unter einem Dach, und wirbst die Hitze und das Licht der Sonne ab; aber Sie können die Schwerkraft der Erde nicht wegwerfen. Schwerkraft kann dort existieren, wo Licht nicht kann. Das bedeutet, wie Photonen wegen eines Schattens vernichtet werden oder wenn Sie Farbe sehen, werden Gravitonen nicht ausgelöscht, wenn sie über verschiedene Medien vermitteln. Gravitonen sind ewig, so wie Raum, Zeit und Schwerkraft alle ewig sind.

126

AKTUELLE THEORIEN DES GRAVITONS

Weil das Graviton ein hypothetisches Teilchen ist, haben viele Physiker im Laufe der Jahre eine Vielzahl von Theorien für dieses Teilchen vorgeschlagen. Da es sich um ein Buch handelt, das teilweise von dem Graviton handelt, werde ich alle Prospekttheorien des Gravitons, aktuell und zaghaft, einschließen. Aber zuerst werde ich die aktuellen Theorien des Gravitons diskutieren, das eine gewisse Unze (oder Planck-Masse) von Gültigkeit und Sinn für die Quantisierung der allgemeinen Relativitätstheorie hat.

Es gibt drei aktuelle Theorien des Graviton-Teilchens: Komposit-Theorie, Bran-Theorie und Schwarzloch-Brunnentheorie. Eine davon ist mit der Stringtheorie verbunden; eine andere, die mit dem Standardmodell verknüpft ist. Denken Sie daran, dass das Graviton ein Quantenteilchen sein muss, das mit Einsteins allgemeiner Relativitätstheorie synchron ist, wie Gravitonen nicht nur Gravitationsteilchen sind, sondern auch Teilchen der Raumzeit.

Die Kompsit-Theorie des Gravitons berücksichtigt die Entstehung und Zusammensetzung von Gravitonen. Genauso wie Elektronen und Positronen kollidieren und ein Photon in der Quantenelektrodynamik erzeugen, muss das

Graviton ein Produkt kleinerer Elementarteilchen in einer Quantengravitationsinteraktion sein. Diese Theorie hat das Potenzial, genial und schrecklich zu sein, denn sie kann sich in zwei Richtungen aufteilen.

Richtung 1: Zwei Gravitinos (ein Gravitino ist der Spin-3/2-Fermionpartner des Gravitons) können kollidieren, um ein Graviton und ein Photon zu erzeugen. Dies bewahrt Quantenspin und elektrische Ladung leicht, aber die Frage ist, ob Masse (bezogen auf Impuls und Energie) konserviert wird. Ein Graviton ist mit einer 10^{-58} kg-Schwelle nahezu masselos, aber diese Gravitinos sind schwerer mit einer 10^{-24} kg-Schwelle (schwerer als Elektronen *und* Protonen)! Vielleicht haben diese Gravitinos chirale Masse (Chiralität ist die Eigenschaft, ein Spiegelbild jeder physikalischen Eigenschaft zu haben), was impliziert, dass Gravitinos "negative" oder "anti-" Masse entweder nach Belieben oder bedingt haben. Dies kann das Geheimnis der dunklen Materie aufdecken.

Richtung 2: Astronomische Massen und größere Quantenteilchen erzeugen und emittieren Gravitonen. Dies kann bedeuten, dass Gravitonen durch die Quanten-DNA von Fremdteilchen (entweder im tiefen Raum oder in den planetarischen Kernen) hergestellt werden. Das impliziert, dass Gravitons aus quarkähnlichen Bestandteilen bestehen können. Letztlich bestehen Gravitonen aus einem Quark-Gluon-Plasma, das sich als Ganzes zu etwas rein Gravitationskraft manifestiert. Das ist Nonsens, denn Gravitons sind keine Hadronen (Fermionen aus Quarks), geschweige denn Fermionen.

Diese beiden Richtungen der Komposit-Theorie sind Duell-Interpretationen über die Entstehung von Gravitonen. Richtung 1 zeigt Verdienst, vor allem wenn man die Entstehung der universellen Schwerkraft im Moment des Urknalls betrachtet. Es beleuchtet auch, was Gravitinos in der gegenwärtigen Zeit darstellen können, ob es sich um Teilchen dunkler Materie oder von supersymmetrischer Schwerkraft handelt, und was die Schwerkraft im Quantensinn identifiziert wird. Für die Graviton-Erstellung in der Gegenwart wird jedoch Richtung 2 von Standardmodellphysikern bevorzugt.

Aber hier ist die Absurdität der Komposit-Theorie. Richtung 2 missachtet den Begriff der Schwerkraft unter Einsteins Theorie der allgemeinen Relativitätstheorie völlig: Die Schwerkraft ist die Eigenschaft der Raumzeit, nicht der Masse und Energie. Zu sagen, Gravitonen werden von anderen fundamentalen Teilchen erzeugt, während immer noch sie fundamental bezeichnet werden, hat keine Konsistenz darüber, was es bedeutet, fundamental zu sein.

Entweder Gravitonen sind grundlegend oder nicht; wenn die Schwerkraft für Raum und Zeit von grundlegender Bedeutung ist, laut Einsteins Relativitätstheorie, die, wie ich hinzufügen möchte, durch nur eine Planck-Zeit ($t_P = 5.39 \times 10^{-44}$ s) Differenz nach dem Moment des Urknalls ewiger ist, dann sind Gravitonen fundamental als Teilchen, das aus Raumzeit und nicht aus fremder Quantenenergie besteht.

Die zweite Theorie des Gravitons ist die Bran-Theorie, die als Folge der Stringtheorie gesehen werden kann. So wie Albert Einstein den 3D-Raum mit der Zeit in ein 2D-Raumzeitkontinuum vereinte, kann auch die "quantisierte" Raumzeit an eine vibrierende, formbare 2D-Membran (oder "Bran") denken. Da die Schwerkraft durch Raumzeitverziehen und Reißen induziert wird, flitzen Gravitonen praktisch auf dem Bran.

Wenn wir höhere Dimensionen betrachten, stapeln sich mehr Bran-Schichten übereinander. Und da Gravitonen auf einem Bran zischen, können sie theoretisch genug "Spalt"-Energie haben, um sich in eine höhere Bran zu übertragen. Dies liegt daran, dass Gravitonen geschlossene Teilchen sind, die sich zwischen den Dimensionen bewegen können. Das heißt, es erfordert eine ungeheure Menge an Energie, um über diese vier

Dimensionen der Raumzeit hinauszugehen, und dass die Schwerkraft in höheren Dimensionen *stärker* ist.

Es zeigt Verdienst, wenn man andeutet, dass die Schwerkraft, die schwächste der vier Wechselwirkungen, stärker sein kann. Aber wie können wir das sicher wissen? Das können wir nicht. Unsere Beobachtung der Physik beschränkt sich auf diese 4D-Raumzeit-Bran. Unser massiver Maßstab verbietet uns, physisch zu sehen, was über unsere drei Dimensionen hinausgeht. Quantenteilchen machen dies jedoch.

Wie die gesamte Quantenmechanik basiert die Bran-Theorie mehr auf Wahrscheinlichkeit als auf tatsächlichem Fakt: Die Wahrscheinlichkeit, dass ein Graviton Dimensionen springt, ist unwahrscheinlich, aber möglicherweise nahe 99%. Wir zucken mit den Schultern aus intellektueller Ahnungslosigkeit.

Die dritte Theorie des Gravitons ist die Theorie des Schwarzloch-Brunnens. Es wird angenommen, dass Schwarze Löcher Gravitonen speichern und verteilen. Deren Quelle stammt aus einer Überlegung von Hawking-Strahlung; wenn sich ein Partikel-Antipartikel-Paar am Ereignishorizont spaltet, bleiben Antipartikel (mit Antimaterie assoziiert) im Inneren. Da Gravitinos ein supersymmetrisches Teilchen sind, das (fragwürdig und wohl) die Rolle der Antimaterie übernehmen kann, wohnen auch sie im Inneren, aber nicht lange. Unter Berücksichtigung der ersten Richtung der Komposit-Theorie, als zwei Gravitinos kollidieren und zu einem Graviton und einem Photon werden, würden immer mehr Gravitonen in einem schwarzen Loch gemacht werden. Und seit Gravitonen unter der Bose-Einstein-Verteilung sind, könnten sie entweder wie ein Gas in einem Kasten ausgeschüttet werden oder sich irgendwo im Inneren wie Couchkartoffeln herumschwirren.

Schwarzloch-Brunnentheorie ist genial, wie es mehrdeutig ist. Da schwarze Löcher "schwarz" sind, hinterlässt uns die Beobachtung des Inneren mit probabilistischen Ergebnissen und achselzuckenden Schultern. Aber auf die optimistische philosophische Seite, dies kann sogar Schwarze Löcher als zentrale Knoten des interdimensionalen Transports in der Bran-Theorie betrachten.

Nehmen Sie das Schwarze Loch vollständig weg, nur mit einem gekoppelten Brocken voller Gravitonen, ihre Selbstgravitation würde ein Quantenschwarzloch simulieren, das nur mit mehr und mehr kompilierten Gravitonen zunehmen würde. Dies ähnelt der Entstehung von Kugelblitz-Schwarzlöchern (Schwarze Löcher rein aus

Strahlung). Sie betrachtet sogar die Wellen-Teilchen-Dualität von Gravitationswellen, dass Gravitationswellen durch instabile Schwarzlochbinäre gemacht werden.

WELLEN-TEILCHEN-DUALITÄT DER GRAVITATION

Dieses nächste Kapitel beschäftigt sich mit der neuartigen Theorie der gravitativen Wellen-Teilchen-Dualität: der Dualität zwischen dem Graviton und der astronomischen Gravitationswelle. Seit Gravitonen nur in Wellenteilchendualität mit Gravitationswellen anerkannt werden, aber noch nicht bewiesen sind, ist dieses Kapitel eher investigativ und zaghaft als eine weithin akzeptierte und konventionelle Theorie.

Diese Theorie des Gravitons versucht, die Stringtheorie und Schleifenquantengravitation konzeptionell zu vereinen, um zu sagen, dass Gravitonen in beiden Theorien kompatibel sind. Obwohl sie aus der Stringtheorie stammen, erstreckt sich die Anerkennung von Gravitonen in LQG nur auf das Verhalten wie Neuronen-Signale zwischen den Spin-Netzwerken im Gitter. Aber wie kann sich ein Graviton, in beiden Theorien als Teil des Raumzeit-Brans, wie ein kinetisches Teilchen in einer sich ausbreitenden Welle verhalten?

Diese Theorie betrachtet zwei der aktuellen Theorien des Gravitons: Bran-Theorie und Schwarzloch-Brunnentheorie; und wie es mit LQG anstelle der

Stringtheorie verbunden ist. Da die Stringtheorie das Graviton als Feldteilchen durch Gravitationsinteraktion beschreiben kann, wäre es von Vorteil, das Graviton als Feldteilchen im Kontext der Quantenraumzeitgeometrie darzustellen.

In LQG wird die kanonische Raumzeit durch die Wheeler-DeWitt-Gleichung beschrieben, wobei die Summe von Hamiltonians für jede Scheibe in einer einzigen Einheit der Raumzeit als flach ausgedrückt werden kann. Da die kanonische Raumzeit *eine flache* Raumzeit darstellt, ist eine Gravitationswelle eine Welle, eine *Störung* auf dem Gewebe. Ähnlich wie der Ozean treten die Wellen an den oberen Oberflächen des Wasserkörpers auf, während die tiefsten Schichten unberührt bleiben.

Dies gilt für die Graviton-Bran-Theorie mit dem ADM Formalismus: die Raumzeit wird mit Unterräumen überlagert, wobei die unterste Schicht ein Graviton-Feld ist. Die eingebetteten Gravitonen, da sie ihre "Spaltenergie" entweder durch Zufälligkeit oder durch Agitation überschreiten, "lecken" sich selbst aus dem Teilchenfeld in die oberste Energieschicht. Dies gibt diese frei gewordenen Gravitonen auf der obersten Schicht eine "flache Bühne" Annäherung: vorausgesetzt, sie kurven keine Raumzeit.

Daher stellt der Hamiltonian der obersten Raumzeitschicht eine Gravitationswelle / ein bewegendes Graviton dar:

$$\frac{\hbar^2}{m_g}\, g^{\mu\nu}\partial_\mu\partial_\nu\psi = \hat{H}\psi$$

Was die Wheeler-DeWitt-Gleichung $\hat{H}\psi = 0$ für die Quantenspin-Projektion $m_s = 0$ beibehält.

Dies würde bedeuten, dass das Graviton bei flacher Raumzeit mit einem Null-Spin-Projektionswert einen "Mantel der Unsichtbarkeit" hat: Obwohl er in der Lage ist, Null-Spin zu haben und immer noch im Raum präsent zu sein, vermutet ein Null-Hamiltonian, dass das Graviton nicht einmal da ist. Mit Gravitonen mit 2 Freiheitsgraden ist seine Einschränkung eine Null-Spin-Projektion: ein Graviton kann keine Nulldrehung haben, um überhaupt physikalisch zu sein. Daher ist der Hamiltonian eines Wellengravitons Spin-abhängig:

$$\hbar c\sqrt{2|m_s|}\, g^{\mu\nu}\partial_\mu\partial_\nu\psi \sim (m_g + i\partial_t)\psi$$

wobei die linke Seite der Schnurlänge eines Partikels ähnelt; in diesem Fall ein Wellengraviton.

Diese Gleichung betrachtet die gestörte geometrische Verformung der Raumzeit in Form einer Gravitationswelle als ein ausbreitendes Graviton. Daher ist es wohl der Coup de Grace der gravitativen Wellen-Teilchen-Dualität. Bei Gravitationswellen aus einer Schwarzloch-Fusion stellt die Graviton-Wellengleichung jedoch auch die Frage: *Woher kommen diese Wellengravitonen in diesem Fall?*

Seit die astronomischen Gravitationswellen aus dem Zusammenbruch eines instabilen Schwarzlochbinär stammen, würde ein Ausstoß eines Wellengravitons im Moment der Schwarzloch-Fusion stattfinden: wenn sich die beiden kollabierenden Schwarzen Löcher in eins verwandeln und die letzte seismische Spitze im Raumzeitgewebe senden.

Dies wendet die Theorie des Schwarzen Lochs in diese Wellen-Teilchen-Dualität an: Da Gravitationswellen aus der "Zwitschern-Masse" kommen: eine spezifische, einzigartige Masse, die aus den beiden ursprünglichen Schwarzen Löchern verschmolzen wird, die die letzte seismische Spitze sendet, muss ein Graviton aus dem zwitschernden Schwarzen Loch austreten.

Sollte sich ein Schwarzes Loch als potenzieller Brunnen verhält, der Gravitonen enthält, erhöht die Größe des Schwarzen Lochs die maximale Menge an Gravitonen, die es speichern kann, und erhöht die Anzahl der "Graviton-Zustände" (jeder Partikelzustand stellt das Vorhandensein eines Teilchens dar; jedes Teilchen hat einen Zustand). Als Bosonen sind die einzelnen Teilchen in ihren eigenen Zuständen frei, sich zu verpaaren oder zu einem einzigartigen gemeinsamen Zustand zu kondensieren. Aber während der Fusion mit schwarzen Löchern können die Teilchen genug geschubst werden, um die Teilchen in ihren jeweiligen Zuständen zurück zu "schütteln".

Was die Gravitonen im Moment der Fusion genau im Schwarzen Loch tun, ist hier unbedenklich, aber das Teilchen im obersten Zustand (am Ereignishorizont) würde auslaufen und so die Quantenenergie des emittierten Gravitons mit Hawking-Strahlung vergleichen!

Als Teilchen ist die resultierende Wellenfunktion aus der Gleichung räumlich symmetrisch. Das bedeutet, dass die Funktion für unendliche Vorwärts- und Rückwärtspositionen in einem einzigen Zeitrahmen gleich aussieht. Angesichts einer sich ausbreitenden Wellenwelle aus einem zusammengebrochenen Schwarzlochbinär zeigt der Pfeil der Zeit mit der Ausbreitung vorwärts. Wenn Sie wie ein Kartenspiel durch die Zeitrahmen blättern, ist die

Welle jedes Mal an einem anderen Ort. Dadurch wird die Wellenfunktionszeit *asymmetrisch*. Da Raum und Zeit durch die Gravitationswelle gewellt werden, muss die Zeit auch in der Funktion symmetrisch sein. Aber wie können wir Zeitsymmetrie mit einem irreversiblen Pfeil der Zeit einflößen?

Philosophisch, während wir unsere Tage leben, mit der Zeit, die sich unwiderruflich vorwärtsbewegt, ist das Erinnern an Erinnerungen eine Form regressiver Zeitreise, wie es auch imaginär ist. Wenn wir uns an vergangene Momente der Ausbreitung der Welle "erinnern", müssten wir "negative imaginäre Zeit" verwenden: einen mathematischen Trick, bei dem Zeit als eine andere Dimension des Raumes behandelt wird. In diesem Fall "negativer Raum" oder unendliche Rückwärtspositionen. Auf diese Weise kann die Gravitationswelle als bewegliches Teilchen im Quantensinn mit folgender Funktion beschrieben werden:

$$\psi \sim \varphi e^{-\varphi^2}$$

Wobei φ ein dimensionsloser "Raumzeitparameter" ist, der die gleichzeitige Progression von Position und Zeit berücksichtigt.

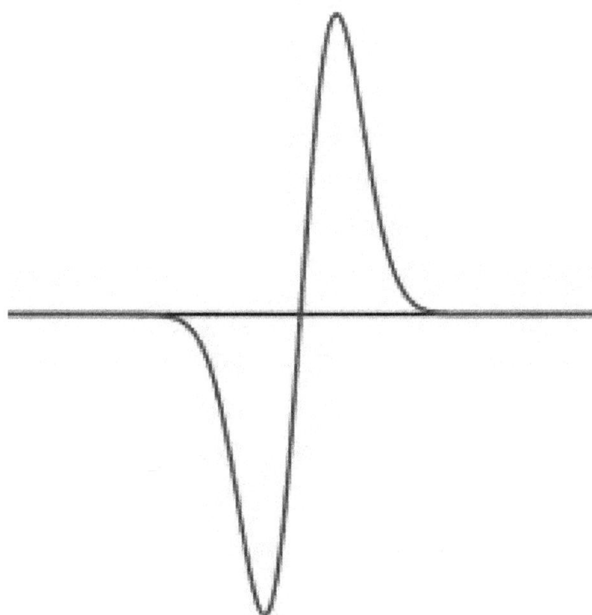

Ein ausbreitendes Wellengraviton (lila) über dem Raumzeitgleichgewicht (schwarz).

142

DIE ZUKUNFT

Wenn ich meine eigene Definition von Wissenschaft hätte, wäre es diese:

Wissenschaft ist die ständige Untersuchung einer besseren logischen Beschreibung des Universums und der Funktionsweise der Natur, die widerlegbar sein muss, um ihre Vertrauenswürdigkeit zu erreichen, die durch menschliche Beobachtung und Verständnis erlangt wird.

Als Mann der Wissenschaft, des Glaubens und der Philosophie stehe ich zu meiner Definition auf der Suche nach einer konkreten, vernünftigen Vorstellung von der Mechanik der Natur. Während viele Wissenschaftler, wie meine Kollegen und Professoren aus meinem Studium, auf diesem Weg des theoretischen Verständnisses vorwärtsfahren möchten, möchte man vielleicht auf einer landschaftlichen Route, einem Umweg oder sogar einer Rückkehr fahren, um sicherzustellen, dass kein altes oder alternatives Wissen zurückgelassen oder unsichtbar bleibt.

Man könnte die Religion einfach ohne das heiliger-als-du Dogma schätzen, in Ehrfurcht und erleuchtet sein von den alten und (auf den ersten Blick) primitiven

Weltanschauungen, und so "die Punkte verbinden" zwischen vergangenem Wissen und den heutigen Fragen in der theoretischen Physik. Vielleicht könnte ein "Neo-Renaissance-Zeitalter" kommen, und sollten die heutigen Wissenschaftler an der Einbahnstraße der Konvention festhalten, könnten sie sich in einem Stau wiederfinden und verflucht werden, in endloser Blockade bewegungslos zu bleiben.

Um diese Suche nach einer Neudefinition der Gravitationstheorie fortzusetzen, müsste man verstehen, wie die Philosophen und Wissenschaftler von vor langer Zeit die Schwerkraft und den Kosmos betrachteten, und sie nicht vorzeitig abtun. Ohne die wissenschaftlichen Revolutionäre, die sich auf die alten Texte und Philosophien beziehen, hätten wir nicht gewusst, dass der alltägliche freie Fall die Oberflächengravitation war. Wie eine einfache Aktion: ein Blick in den Sternenhimmel, das Beobachten eines Apfelfalls, oder zu sehen, wie ein Feuer das Entzünden bis zur Asche verbrennt; führt zu revolutionären Theorien des ständigen freien Falls, des biegsamen Raumes und der Zeit und des Verdampfens von Schwarzen Löchern.

Die Zukunft ist eine große Illusion wie das Konzept der Zeit. Aber während es im Nachhinein immer 20/20 ist,

ist die Zukunft so blind wie eine Fledermaus. Wir können nicht mit Sicherheit wissen, ob die Zukunft der Gravitationstheorie oder des wissenschaftlichen Verständnisses auf ihren gegenwärtigen Bahnen weitergehen würde. Vielleicht ist das der Grund, warum die Menschen immer noch an der Religion festhalten, weil die Zukunft für diejenigen, die glauben (es gibt ein Nachlaben oder ein zweites Leben). Nicht jeder kann die unsichere Natur des Universums und diesen ständig verändernden Status der modernen Wissenschaft akzeptieren. Aber das ist der Grund, warum die Wissenschaft zunächst vertrauenswürdig ist; menschliche Intelligenz hat die wissenschaftliche Theorie verändert, um den technologischen Standards der Gegenwart gerecht zu werden. Sie ist vertrauenswürdig, weil *wir* wissenschaftliche Forschung betreiben können.

Was mich betrifft – ein Mann der Wissenschaft, des Glaubens und der Philosophie – so lasse ich nicht zu, dass meine wissenschaftlichen Erkenntnisse meinen Glauben quantifizieren. Und außerdem lasse ich nicht zu, dass mein Glauben mein Wissen über das Universum dogmatisieren. Ähnlich wie Kirche und Staat gibt es einen sicheren Unterschied zwischen Glauben und Wissen: Ich weiß es nicht, dass Gott existiert, aber ich glaube es. Ich muss nicht an die Evolution glauben, weil ich es weiß, dass sie wissenschaftlich wahr ist. Wenn man sich einer zaghaften Theorie wie der Quantengravitation nähert, gibt es keinen Grund, das Wort "glauben" zu verwenden. Wenn ein vertrauenswürdiger Satz oder eine mathematische Darstellung oder eine logische Argumentation gegeben ist, die sich auf eine vergangene Theorie bezieht, gibt es keinen Glauben, sondern Wissen – oder Vertrauen.

Das Problem, mit dem die Quantengravitation konfrontiert ist, ist jedoch ihr fortschreitender Mangel an "Vertrauenswürdigkeit". Die Stringtheorie und ihre 11 Dimensionen arbeiten für die Planck-Skala, die sich von unserer makroskopischen Skala unterscheidet. Wie können wir der Stringtheorie vertrauen, wenn wir nicht messen können, was die Mathematik hervorbringt? Schleifenquantengravitation betrachtet die Raumzeit als schäumendes Gitter von Spin-Netzwerken: diese körnigen Quanten der Raumzeit. Wie können wir auf diese Theorie vertrauen, wenn wir nicht ein einziges Raumzeitquanten wie wir mit Elektronen nutzen oder zupfen können?

Manchmal muss sich das Konzept des Wissens vom physischen Beweis zum mathematischen Beweis wandeln. Genau wie das Higgs-Boson wird eine Theorie mit dem wesentlichen mathematischen Beweis zu gegebener Zeit physisch nachgewiesen werden, angesichts der richtigen Technologie und des richtigen Ansatzes. Auf der anderen Seite, ähnlich wie ein Grundkonzept des freien Fallens oder die einfache Aktion beim Blick auf die sternenklare Nacht, physikalischen Beweis wird zu gegebener Zeit mathematischen Beweis gegeben werden, angesichts der richtigen Technologie, der richtigen Ansatz und die Fähigkeit, die Straße weniger gereist zu nehmen.

Auf die eine oder andere Weise werden Sie dorthin gelangen, wo Sie hingehen.

ÜBER DEN AUTOR

Noah Matthew MacKay wurde 1997 in Natrona Heights, Pittsburgh, Pennsylvania geboren und wuchs seit 2000 im östlichen North Carolina. Er wurde 2005 als Achtjähriger mit dem Asperger-Syndrom diagnostiziert.

MacKay begann 2013 im Alter von Fünfzehn sein Hobby des Romanschreibens. Als Schriftsteller schrieb MacKay zwischen 2016 und 2020 fünf Bücher aus seiner Fantasy-Serie *Age of War* (*Alter des Krieges*). Seit 2015 schreibt Noah MacKay auch Gedichte in deutscher

Sprache. Seine bemerkenswerten Gedichtpublikationen befinden sich in den folgenden Sammlungen: "Sünder unter Heiligen" und "Fünf" zugleich im Jahre 2019, und 2020 beide die "best-of" Sammlung/Selbstbiographie "Einfach ich" und die neuste Sammlung "Monster."

Dazu schrieb MacKay 2020 vier Bände der mathematischen Physikserien *The Theory of Physics* (*Die Theorie der Physik*), jedes Band diskutiert in Reihenfolge klassische Mechanik, Elektromagnetismus, gewählte Themen der modernen Physik und Quantenmechanik. 2021 schrieb er die englischen und deutsche Versionen des Buchs *Quantum Particles of Gravity* (*Quantenteilchen der Schwerkraft*): ein Laienkurs über Gravitationstheorie von alter Philosophie bis zur Vermutung des Gravitons.

Im Jahre 2020 schloss Noah M. MacKay von East Carolina Universität ab. Er erwarb einen Wissenschaftsbachelor in der Physik und einen Kunstbachelor in deutscher Sprache und Literatur. Als Student war er Mitbegründer des ersten offiziellen Astronomie-Klubs der Universität, Mitglied von Sigma Pi Sigma und Delta Phi Alpha und schlussendlich war Mitverfasser eines veröffentlichten Artikels über den Weimarer Dichter und Satiriker Erich Mühsam.

MacKay studiert derzeit die Physik an der East Carolina Universität für einen Wissenschaftsmagister. In der Zukunft will er eine Doktorwürde in der Physik schaffen und ein veröffentlichter theoretischer Physiker werden.